高职高专"十三五"规划教材

化 工 制 图

第二版

熊放明　曹咏梅　主编
潘传九　　主审

化学工业出版社
·北京·

本书包括基础知识模块、机械制图模块和化工制图模块。基础知识模块包括制图基本知识与技能、计算机绘图基础、投影基础、基本体和组合体；机械制图模块包括机件表达方法、标准件与常用件、机械图；化工制图模块包括化工设备图、化工工艺图等内容。

　　本书采用了任务驱动模式，在内容上，所选的基础理论以必需、够用为度，强化了实践能力的培养。计算机绘图内容融入到了各单元的相关任务中。在绘图技能培养上将仪器绘图、徒手绘图、计算机绘图三种方法贯穿始终。

　　本书配套有多媒体教学课件及由熊放明主编的《化工制图习题集》第二版。

　　本书主要适用于高职高专化工类各专业的制图教学，也可作为职大、夜大、电大等相近专业的教材或参考用书。

图书在版编目（CIP）数据

　　化工制图/熊放明，曹咏梅主编. —2 版. —北京：化学工业出版社，2018.2（2023.2 重印）
　　高职高专"十三五"规划教材
　　ISBN 978-7-122-31240-2

　　Ⅰ.①化…　Ⅱ.①熊…　②曹…　Ⅲ.①化工机械-机械制图-高等职业教育-教材　Ⅳ.①TQ050.2

　　中国版本图书馆 CIP 数据核字（2017）第 315691 号

责任编辑：高　钰
责任校对：边　涛　　　　　　　　　　　装帧设计：刘丽华

出版发行：化学工业出版社（北京市东城区青年湖南街 13 号　邮政编码 100011）
印　　刷：三河市航远印刷有限公司
装　　订：三河市宇新装订厂
787mm×1092mm　1/16　印张 18½　字数 473 千字　2023 年 2 月北京第 2 版第 4 次印刷

购书咨询：010-64518888　　　　　　　　　售后服务：010-64518899
网　　址：http://www.cip.com.cn
凡购买本书，如有缺损质量问题，本社销售中心负责调换。

定　　价：49.00 元

前　言

本书第一版于 2008 年 5 月出版，获得了广大师生的认可与好评。由于距今时间较长，相关教学方法和教学手段发生了许多变化，特将本书作了修订。

为教学方便，第二版保持了原来的教学体系，在原有特色基础上作了一些优化和改进。第二版书主要体现了以下特色：

① 注重理论与实践相结合，综合培养学生仪器绘图、徒手绘图、计算机绘图、读图与测绘几种技能。

② 对各单元的内容、插图和例题进行了细致的修改、完善和调整，提高了本书质量。

③ 采用了新的《技术制图》、《机械制图》国家标准。

④ 精心制作了与本书配套的多媒体教学课件，并将免费提供给采用本书作为教材的院校使用。如有需要，请发电子邮件至 cipedu@163.com 获取，或登录 www.cipedu.com.cn 免费下载。

与本书配套有熊放明主编的《化工制图习题集》第二版。

参加本书修订工作的有：熊放明（绪论、单元三、单元四），曹咏梅（单元一、单元二、单元五），陈艳（单元六、单元七），薛雪（单元八），王成华（单元九）。本书由熊放明、曹咏梅主编，由潘传九主审。

本书在修订过程中，得到了许多高职院校老师、编者所在学校领导和同事的热情帮助和大力支持，在此表示衷心感谢。

由于编者水平有限，时间仓促，教材中难免存在缺点和错误，欢迎读者批评指正。

编　者
2018 年 1 月

第一版前言

本书是根据教育部"高职高专工程制图课程教学基本要求"，按照高职高专教育的培养目标，结合近年来制图教学的一些改革成果，融入编者多年的教学经验编写而成的实验教材。主要适用于高等工程专科院校，高等职业技术院校化工类各专业的制图教学，也可作为职大、夜大、电大等相近专业的教材或参考用书。

本教材在结构上对传统的教学体系作了调整，采用了"提出任务——学习相关概念、知识——解决问题——总结提高"的任务驱动模式，将各个知识点分散到相应的任务之中，学生通过完成任务的方式来掌握相关知识。在内容上，所选的基础理论以应用为目的，以必需、够用为度，强化了实践能力的培养。加 * 者为选学内容。计算机绘图内容融入到了教材各单元的相关任务中。在绘图技能培养上将仪器绘图、徒手绘图、计算机绘图三种方法贯穿始终。在本书的绘图实例中，用楷体显示出 AutoCAD 命令行原文，并在原文后的小括号内对该行的操作方式进行简要说明。全书突出了绘图、读图两方面综合能力的培养。

本书采用了最新的《技术制图》、《机械制图》等国家标准及有关行业标准。

本书大部分插图采用计算机绘制，相关课件和素材将免费提供给采用本书作为教材的院校使用。如有需要，请发电子邮件到 cipedu@163.com 获取，或登录 www.cipedu.com.cn 免费下载或到网址 http://jpkc.hnhgzy.com/hgzt 下载。

与本书配套使用的有《化工制图习题集》。

参加本书编写工作的有：熊放明（绪论、单元三、单元四），曹咏梅（单元一、单元二、单元五、单元六），薛雪（单元七、单元八），王成华（单元九）。本书由熊放明、曹咏梅任主编，由潘传九任主审。

本书在编写过程中参考了一些教材，在此向有关作者表示感谢。

由于编者水平有限，时间仓促，教材中难免存在缺点和疏漏，欢迎读者批评指正。

编　者

2008 年 5 月

目　录

绪　　论

一、课程的目的和意义

根据投影原理、国家标准及有关规定，表示工程对象，并含有必要的尺寸与技术说明的"图"，称为"图样"。

在企业的设计部门，设计人员将自己的设计思想用图样表达出来。在企业的制造部门，工人主要依据图样将产品制造出来。可见，无论是设计人员还是制造人员，都必须懂得工程图样。工程图样是联系设计人员和制造人员的工具，被誉为工程界的共同语言。绘图与识图是工程技术人员表达设计思想、进行工程技术交流、指导生产等必备的技能。作为未来的工程技术人员，每个工科院校的学生都必须掌握工程图样的绘制和识读方法，为将来能胜任自己的工作岗位打下坚实的基础。

化工制图是研究化工工程图样的绘制和识读规律的一门学科，是高等职业技术学院化工类各专业学生必修的一门专业基础课。

二、课程的内容

本课程分为基础知识模块、机械制图模块、化工制图模块。基础知识模块主要介绍制图基本知识与技能、计算机绘图基础、投影基础（正投影法和三视图，点、直线和平面的投影）、基本体与组合体、轴测投影。机械制图模块包括机件的表达方法、标准件与常用件、零件图与装配图。化工制图模块介绍化工设备装配图、化工工艺图。

三、课程的学习目标

学习本课程的目标如下：

① 掌握正投影的基本原理与方法，并能正确地图示空间物体；

② 培养学生三维空间思维和设计构形能力；

③ 培养学生的读图能力和计算机绘图、徒手绘图、尺规绘图的绘图能力；

④ 理解并贯彻国家标准的有关规定；

⑤ 培养学生一丝不苟的工作作风和严谨的工作态度。

四、课程的学习方法

① 课程内容很抽象，要分析、想象物体模型、零件、部件的形状与结构特点，总结投影规律。平时可多自制物体模型或绘制物体的三维图，降低想象难度。

② 课程内容连贯性强，课后要及时复习。由于内容多变，要多动手绘图、多读图、多想象，从而掌握作图方法。

③ 要严格遵守、认真贯彻《技术制图》、《机械制图》国家标准及有关技术标准，应牢记某些常用的标准规格，学会查阅相关手册。

④ 要加强徒手绘图的练习。

⑤ 要正确、熟练地使用常用绘图工具和仪器。

⑥ 对于计算机绘图部分，课后要及时上机练习。

⑦ 在学习过程中，要有意识地培养自己的自学能力，提高自己的创新意识。

基础知识模块

单元一 制图基本知识与技能

任务一 线型练习

① 绘制图框和标题栏。

② 按图 1-1-1 要求，用 A4 图纸，绘制图线并标注尺寸，比例 1∶1。

图 1-1-1 线型练习

任务分析

　　任务一所示图形的格式（边框线、标题栏、图线的型式与粗细、尺寸标注等）必须符合相关的国家标准规定。要完成该任务，应掌握绘图工具的正确使用方法，熟悉和掌握相关国家标准。

相关知识

● 尺规绘图工具及其使用
● 国家标准关于制图的基本规定
● 尺寸注法

一、尺规绘图工具及其使用

为提高绘图质量和绘图效率，应掌握绘图工具和仪器的正确使用方法。现将几种常用的绘图工具和仪器及其使用方法简介如下。

1. 图板

图板一般用胶合板制成，用于固定图纸，板面要求平整光滑，左侧为导向边，必须平直。

2. 丁字尺

丁字尺主要用来画水平线，由尺头和尺身构成。使用时，尺头内侧必须靠紧图板的导向边，在有刻度的一面由左至右画水平线，如图 1-1-2(a) 所示。

3. 三角板

一副三角板有 30°（60°）与 45°两块。三角板配合丁字尺使用，可画垂直线 [图 1-1-2(b)]、倾斜线 [图 1-1-2(c)] 和一些特殊角度线（与 15°成整数倍）（图 1-1-3）。

图 1-1-2 图板、丁字尺、三角板的用法

图 1-1-3 三角板的配合使用

4. 圆规

圆规用于画圆或圆弧。使用时，应将钢针有肩台的一端插入图纸，并使肩台与铅芯尖平齐。圆规的使用方法如图 1-1-4 所示。

5. 分规

分规主要用来截取尺寸、等分线段等。分规的用法如图 1-1-5 所示。

图 1-1-4　圆规的使用

图 1-1-5　分规的用法

6. 铅笔

铅笔分硬、中、软三种。H 表示硬性，前面数字越大，表示铅芯越硬（色淡），B 表示软性，前面的数字越大，表示铅芯越软（色黑）。HB 表示铅芯软硬适中。

绘制底图时，一般使用 H 或 2H 铅笔，并削成圆锥形；描深底稿时，一般采用 HB 或 B 铅笔，并削成扁铲形。削铅笔时注意保留标号，如图 1-1-6 所示。

图 1-1-6　铅笔的削法

二、国家标准关于制图的基本规定

中国国家标准简称"国标"，代号"GB"。例如 GB/T 67—2000，其中 GB/T 表示推荐性国标，67 是编号，2000 是发布年号。

1. 图纸幅面及格式（GB/T 14689—2008）

（1）图纸幅面

图纸的基本幅面共有五种，其尺寸关系，见表 1-1-1。

表 1-1-1　图纸基本幅面尺寸

幅面代号	A0	A1	A2	A3	A4
$B \times L$	841×1189	594×841	420×594	297×420	210×297
a	25				
c	10			5	
e	20			10	

必要时，允许选用加长幅面，加长幅面的尺寸必须是由基本幅面的短边成整数倍增加后得出。

（2）图框格式

图纸上应使用粗实线画出图框，其格式分为留装订边和不留装订边两种。

留有装订边的图框格式如图 1-1-7 所示。不留装订边的图框格式如图 1-1-8 所示。

（3）标题栏

图 1-1-7　留有装订边的图纸

图 1-1-8　不留装订边的图纸

每张图纸都必须按 GB/T 10609.1—2008 的规定画出标题栏，作业中可按图 1-1-9、图 1-1-10 所示的标题栏绘制。标题栏应画在图纸的右下角，并使底边和右边与图框线重合，标题栏中的文字方向通常为看图方向。

（4）对中符号和看图方向

为便于复制和缩微摄影，应在图纸各边的中点处分别画出对中符号。对中符号用粗实线绘制，长度从图纸边界开始伸入图框内约 5mm ［图 1-1-11（a）］，若标题栏中的文字与看图方向不一致，应绘制方向符号 ［图 1-1-11（b）］。

图 1-1-9　作业用装配图的标题栏与明细栏

图 1-1-10　作业用标题栏格式

(a) 对中符号

(b) 看图方向

图 1-1-11　对中符号和看图方向

2. 比例（GB/T 14690—1993）

绘图比例是指图样中机件要素的线性尺寸与实际机件相应要素的线性尺寸之比，如图1-1-12所示。

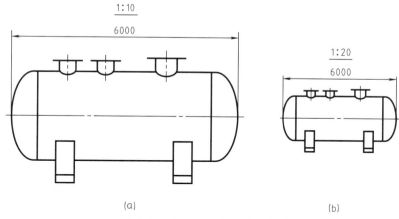

图 1-1-12 用不同比例画出的图形

绘制图样时，一般应采用表1-1-2中规定的比例。绘制同一机件的各个视图应采用相同的比例，并在标题栏的比例一栏中填写。为了反映机件的真实大小和便于绘图，尽可能选用1∶1的比例。

表 1-1-2 比例系列

种 类	优先选择系列	允许选择系列
原值比例	1∶1	—
放大比例	5∶1 2∶1 5×10ⁿ∶1 2×10ⁿ∶1 1×10ⁿ∶1	4∶1 2.5∶1 4×10ⁿ∶1 2.5×10ⁿ∶1
缩小比例	1∶2 1∶5 1∶10 1∶2×10ⁿ 1∶5×10ⁿ 1∶1×10ⁿ	1∶1.5 1∶2.5 1∶3 1∶1.5×10ⁿ 1∶2.5×10ⁿ 1∶3×10ⁿ 1∶4 1∶6 1∶4×10ⁿ 1∶6×10ⁿ

注：n 为正整数

3. 字体（GB/T 14691—1993）

（1）基本要求

① 图样中书写的汉字、数字和字母，必须做到"字体工整、笔画清楚、间隔均匀、排列整齐"。

② 字体高度（用 h 表示）的公称尺寸系列为：1.8，2.5，3.5，5，7，10，14，20。

③ 汉字应写成长仿宋体字，并应采用国家正式公布的简化字。汉字的高度不应小于3.5mm，字宽一般为 $h/\sqrt{2}$。

汉字的书写要领：横平竖直、注意起落、结构匀称、填满方格。

④ 字母和数字分 A 型和 B 型。A 型字体的笔画宽度（d）为字高（h）的1/14，B 型字体的笔画宽度（d）为字高（h）的1/10。在同一图样上，只允许选用一种型式的字体。

⑤ 字母和数字可写成斜体和直体。斜体字字头向右倾斜，与水平基准线成75°。

（2）字体示例

① 长仿宋体汉字书写示例（图 1-1-13）

10号字

字体工整　笔画清楚　间隔均匀　排列整齐

7号字

横平竖直　注意起落　结构均匀　填满方格

5号字

技术　制图　机械　电子　汽车　航空　船舶　土木　建筑　矿山　井坑　港口　纺织　服装

3.5号字

螺纹　齿轮　端子　接线　飞行指导　驾驶舱位　挖填施工　引水通风　闸阀坝　棉麻化纤

图 1-1-13　汉字字体示例

② 字母、数字书写示例（图 1-1-14）

大写斜体

小写斜体

阿拉伯数字斜体

罗马数字斜体

图 1-1-14　字母、数字书写示例

4. 图线（GB/T 17450—1998、GB/T 4457.4—2002）

（1）线型及其应用

图样应按国家标准规定的线型绘制，机械制图中常用的几种标准图线见表1-1-3。

表 1-1-3　图线型式及应用（摘自 GB/T 4457.4—2002）

图线名称	图线型式	图线宽度	一般应用
粗实线	————————————	b	可见轮廓线、过渡线
细实线	————————————	约 $b/2$	尺寸线、尺寸界线、剖面线、引出线、重合断面的轮廓线、螺纹牙底线
波浪线	～～～～～～～	约 $b/2$	断裂处的边界线、视图与剖视的分界线
双折线	—ᐱ——ᐱ—	约 $b/2$	断裂处的边界线
虚线	- - - - - - 2～6	约 $b/2$	不可见轮廓线、不可见棱边线
细点画线	3　15～30 —·—·—·—	约 $b/2$	轴线、对称线、齿轮分度圆及分度线
粗点画线	—·—·—·—	b	有特殊要求的线或表面的表示线
细双点画线	—··—··—··	约 $b/2$	相邻辅助零件的轮廓线、极限位置的轮廓线、假想投影的轮廓线、中断线、轨迹线

（2）图线的尺寸

图线的宽度系列为：0.13，0.18，0.25，0.35，0.5，0.7，1.0，1.4，2（单位：mm）。图线分为粗、细两种，粗线宽度一般采用 $d = 0.5\text{mm}$ 或 0.7mm，细线的宽约为 $d/2$。

（3）图线应用示例（图 1-1-15）

（4）注意事项（图 1-1-16）

画图线时应注意：

① 同一图样中的同类线型应基本一致；

图 1-1-15　图线应用

图 1-1-16 图线画法的注意事项

② 画中心线时，圆心应为线段的交点，中心线应超出轮廓线 2～5mm，当图形较小时，可用细实线代替点画线；

③ 虚线与其他图线相交时，应画成线段相交。虚线为粗实线的延长线时，不能与粗实线相接，应留有空隙。

三、尺寸注法

尺寸是加工零件、装配机器、安装设备和管道的主要依据。GB/T 4458.4—2003《机械制图 尺寸注法》和 GB/T 16675.2—1996《技术制图 简化表示法 第二部分：尺寸注法》中对尺寸标注作了专门规定。

1. 标注尺寸的基本规则

① 机件的真实大小应以图样中所注的尺寸数值为依据，与图形的大小及绘图的准确度无关。

② 图样的尺寸，以 mm 为单位时，不需标注计量单位的代号或名称，如果采用其他单位，则必须注明相应的计量单位的代号或名称。

③ 图样中所标注的尺寸，为该图样所示机件的最后完工尺寸，否则应另加说明。

④ 机件的每一尺寸，一般只标注一次，并应标注在反映该结构最清晰的图形上。

⑤ 标注尺寸时，应尽可能使用符号和缩写词。

2. 尺寸的组成

完整的尺寸由尺寸界线、尺寸线、尺寸数字和尺寸终端组成，如图 1-1-17 所示。

图 1-1-17 尺寸要素

（1）尺寸界线

尺寸界线应从图形的轮廓线、轴线或对称中心线引出，也可利用轮廓线、轴线或对称中心线作尺寸界线，用细实线绘制，如图 1-1-18 所示：

图 1-1-18 尺寸界线

（2）尺寸线

如图 1-1-19 所示，尺寸线用细实线绘制，绘图时应注意以下两点。

（a）正确　　　　　　　　　　　（b）错误

图 1-1-19　尺寸线

① 尺寸线不能用其他图线代替，也不得与其他图线重合或画在其延长线上。

② 尺寸线应与所标注的线段平行，间距不小于 7mm。

（3）尺寸终端

尺寸终端有箭头和斜线两种形式。箭头形式可用于各种图样；斜线用细实线绘制，其方向和画法如图 1-1-20 所示。斜线形式只能用于尺寸线与尺寸界线相互垂直的情况。同一张图样中只能采用一种尺寸终端形式。

（4）尺寸数字

线性尺寸的数字一般应注写在尺寸线的上方，也允许注写在尺寸线的中断处，同一张图样上的注写方式应一致。

图 1-1-20　尺寸终端的两种形式

3. 常见尺寸的标注方法（表 1-1-4）

表 1-1-4　尺寸标注方法

项目	图　　例	说　　明
线性尺寸	（a）　　　　　（b）	数字方向随尺寸线方位的变化而变化,按图(a)所示方式注写,但应避免在图示 30°范围内标注尺寸。当无法避免时,可采用图(b)所示形式注写
	（c）	尺寸线必须与所标注的线段平行。应避免尺寸线与尺寸界限相交,见图(c)

项目	图 例	说 明
直径与半径		圆或大于半圆的圆弧应标注直径,数字前加注符号"ϕ",尺寸线必须过圆心;等于或小于半圆的圆弧应标注半径,数字前加注符号"R",尺寸线从圆心开始,箭头指向轮廓线
球面尺寸		标注球面直径或半径时,数字前应加符号"$S\phi$"或"SR",如图(a)所示。不至于引起误解时允许省略符号"S",如图(b)所示
角度		尺寸界线应沿径向引出,尺寸线画成圆弧,圆心是角的顶点。角度数字一律沿水平方向注写,一般注写在尺寸线的中断处,必要时可写在尺寸线的上方或外侧,也可引出标注
小尺寸		没有足够位置画箭头或标注尺寸数字时,可按图示形式标注

4. 尺寸的简化注法

为使制图简便,在不致引起误解的前提下,应尽量简化标注。

（1）板状类零件

标注板状类零件的厚度时,可在尺寸数字前加注符号"t",如图 1-1-21 所示。

（2）正方形结构

图 1-1-21 板状零件的厚度标注

表示断面为正方形结构时，可在正方形尺寸数字前加注"□"符号，或用"12×12"的形式标注，如图1-1-22所示。

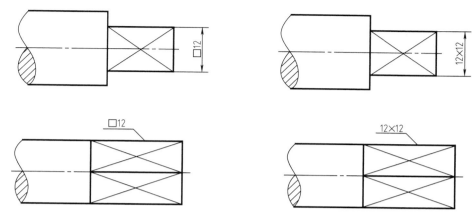

图 1-1-22 正方形截面的标注

（3）对称机件

当对称机件的图形只画一半或略大于一半时，尺寸线应略超过对称中心或断裂处的边界线，并在尺寸线一端画出箭头，尺寸数字应按完整大小标注，如图1-1-23所示。

图 1-1-23 对称机件的标注

任务一指导

一、绘图步骤

1. 画底稿（用 H 或 2H 铅笔）

① 画图框和标题栏；

② 布图，画基准线；

③ 按图 1-1-1 所注的尺寸作图，标注尺寸；

④ 校对底稿，擦去多余的图线。

2. 描深图线

① 描深粗实线圆和直线（用 HB 或 B 铅笔）；

② 描深虚线、点画线、细实线圆和直线（用 H 或 HB 铅笔）；

③ 填写标题栏。
二、注意事项
① 各种图线必须符合国家标准的规定。
② 同类图线的宽度应一致。粗实线线宽推荐采用 0.7mm。
③ 各种图线的相交画法，应符合要求。
④ 加粗描深时，应按先粗后细、先曲后直、先水平后垂直的顺序进行。

任务二　平面图形的绘制

任务描述

按图 1-2-1 要求，用 A4 图纸绘制平面图形并标注尺寸。

图 1-2-1　平面图形

任务分析

　　任务二所示图形，主要涉及用圆弧连接两线段、平面图形的绘制方法等内容。要完成该任务，要掌握几何作图中圆弧连接的作图技巧、平面图形的绘制方法，同时应巩固绘图工具的正确使用方法，学会布图。

相关知识

● 几何作图
● 平面图形的画法

一、几何作图

　　零件的轮廓一般都是由直线、圆弧和其他的一些曲线所组成的几何图形。因此，学习绘制工程图应当首先学会常见几何图形的作图方法，弄清图形与尺寸间相互依存的关系。

1. 等分圆周

圆的三、六等分，可用丁字尺和三角板配合画出［图 1-2-2(a)］，也可用圆规以圆的半径画出［图 1-2-2(b)］。

(a)   (b)

图 1-2-2　等分圆周

2. 斜度和锥度

① 斜度：指一直线（或平面）相对于另一直线（或平面）的倾斜程度。斜度在图样上的标注形式为"∠1∶n"，如图 1-2-3 所示。符号"∠"的指向应与实际倾斜方向一致。

图 1-2-3　斜度

② 锥度：指正圆锥体的底圆直径与高度之比。锥度的标注形式为"▷1∶n"，如图 1-2-4 所示。

图 1-2-4　锥度

3. 圆弧连接

用一圆弧光滑地连接相邻两线段的作图方法，称为圆弧连接。连接圆弧的圆心轨迹如图 1-2-5 所示。

（1）用圆弧连接两已知直线

用圆弧连接两已知直线，作图步骤如图 1-2-6 所示。

(a) 圆弧与直线相切　　　(b) 圆弧与圆弧外切　　　(c) 圆弧与圆弧内切

图 1-2-5　圆弧连接作图原理

(a) 求圆心　　　(b) 找切点　　　(c) 画连接弧

图 1-2-6　圆弧连接两相交直线

① 求连接圆弧的圆心。作与已知两直线分别相距为 R（R 为连接圆弧半径）的平行线，交点 O 即为连接圆弧圆心。

② 求连接圆弧的切点。从圆心 O 分别向两直线作垂线，垂足 T 即为切点。

③ 画连接圆弧。以 O 为圆心，R 为半径在两切点之间作圆弧，即为所求连接圆弧。

（2）用圆弧连接两已知圆弧

外连接（外切）的作图步骤如图 1-2-7 所示。

① 求连接圆弧圆心。分别以 O_1、O_2 为圆心，以 $R+R_1$、$R+R_2$ 为半径画弧，两圆弧交点 O 即为连接圆弧圆心。

② 求连接弧切点。连接 OO_1、OO_2 交已知弧于 T_1、T_2，即为切点。

③ 画连接圆弧。以 O 为圆心，R 为半径作弧，即为所求连接弧。

内连接（内切）的作图步骤如图 1-2-8 所示。

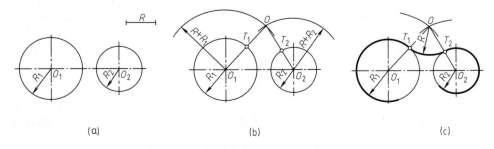

(a)　　　(b)　　　(c)

图 1-2-7　圆弧连接两圆弧外连接画法

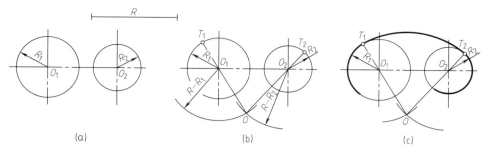

图 1-2-8　圆弧连接两圆弧内连接画法

① 求连接圆弧圆心。分别以 O_1、O_2 为圆心，以 $R-R_1$、$R-R_2$ 为半径画弧，两圆弧交点 O 即为连接圆弧圆心。

② 求连接弧切点。连接 OO_1、OO_2 并延长，交已知弧于 T_1、T_2，即为切点。

③ 画连接圆弧。以 O 为圆心，R 为半径作圆弧，即为所求连接圆弧。

（3）用圆弧连接已知直线和圆弧（外切）

作图步骤如图 1-2-9 所示。

(a) 求圆心　　　　　　　　(b) 找切点　　　　　　　　(c) 画连接弧

图 1-2-9　圆弧与直线、圆弧连接画法

① 求连接弧圆心。作已知直线的平行线 L_2，距离为 R；以 O_1 为圆心，$R+R_1$ 为半径画弧，直线 L_2 与圆弧的交点 O 即为连接弧圆心，如图 1-2-9（a）所示。

② 求连接弧切点。从点 O 向直线 L_1 作垂线得垂足 T_1，连接 OO_1 与已知弧相交得交点 T_2，T_1 和 T_2 即为连接弧切点，如图 1-2-9（b）所示。

③ 画圆弧连接。以 O 为圆心，R 为半径作圆弧，即为所求连接圆弧，如图 1-2-9（c）所示。

二、平面图形的画法

在画平面图形之前，首先应对平面图形的尺寸和线段进行分析，以确定作图的方法和顺

图 1-2-10　手柄轮廓图

序。现以手柄（图 1-2-10）为例，说明绘制平面图形的方法和步骤。

1. 尺寸分析

① 定形尺寸。确定平面图形中各线段形状大小的尺寸。如图 1-2-10 中 $\phi 5$、$\phi 20$、$R12$、$R50$、$R10$、$R15$、15。

② 定位尺寸。确定平面图形中线段间的相对位置的尺寸。如图 1-2-10 中 8 是 $\phi 5$ 小圆水平方向的定位尺寸，75 确定了 $R10$ 圆心水平方向的位置。

标注定位尺寸的起点称为基准。通常以图形的对称线、中心线或某一主要轮廓线为基准，如图 1-2-10 中 A 为高度方向的基准，B 为长度方向的基准。

2. 线段分析

① 已知线段。定形尺寸和两个方向的定位尺寸均齐全的线段，如图 1-2-10 中的圆弧 $R10$、$R15$。

② 中间线段。定形尺寸齐全并具有一个方向的定位尺寸的线段，如图 1-2-10 中的圆弧 $R50$。

③ 连接线段。只有定形尺寸没有定位尺寸的线段，如图 1-2-10 中的圆弧 $R12$。

画平面图形时，应先画已知线段，再画中间线段，最后画连接线段。

3. 平面图形的作图方法和步骤

绘制手柄轮廓的作图步骤如图 1-2-11 所示。

(a) 定图形基准线   (b) 画已知线段

(c) 画中间线段   (d) 画连接线段、描深图形

图 1-2-11 画手柄轮廓图步骤

任务二指导

一、绘图步骤（图 1-2-12）

1. 分析图形

分析图形中的尺寸作用及线段性质，从而决定作图步骤。

2. 画底稿

① 画出图框和标题栏；

② 画出图形的基准线、对称线及圆的中心线等；

③ 按已知线段、中间线段、连接线段的顺序作图；

④ 画出尺寸界线、尺寸线。

3. 检查底图，描深图形

4. 注写尺寸数字，填写标题栏

(a) 画作图基准线　　　　　　　　　　　(b) 画已知线段

(c) 画中间线段　　　　　　　　　　　　(d) 画连接线段

(e) 加深描粗　　　　　　　　　　　　　(f) 标注尺寸

图 1-2-12　挂轮架绘图步骤

二、注意事项

① 布置图形时，应考虑标注尺寸的位置。

② 画底稿时，图线应轻细而准确，并应找出连接弧的圆心及切点。

③ 描深时，应按"先粗后细、先曲后直、先水平后垂直、倾斜"的顺序进行，尽量做到同类图线规格一致，线段连接光滑。

④ 箭头应符合规定，大小一致，不要漏注尺寸或漏画箭头。

任务三 草图绘制

任务描述

徒手绘制图 1-3-1 所示的吊钩。

图 1-3-1 徒手绘制吊钩

任务分析

任务三所示图形，包含了各类图线及平面图形的徒手绘制技巧。要完成该任务，应学会直线、常用角度、圆、曲线及椭圆的徒手画法。

相关知识

● 直线的徒手画法

● 常用角度的徒手画法

● 圆的徒手画法

● 圆角、曲线及椭圆的徒手画法

以目测估计图形与实物的比例，按一定画法徒手（或部分使用绘图仪器）绘制的图形称为草图。徒手画图是工程技术人员必备的一项基本技能。

草图是绘制正式工作图的原始资料，不能错误地理解成"潦草"的图。绘制草图应做到：内容完整、图形正确、比例适当、线型分明、图面整洁、字体工整。

一、直线的徒手画法

徒手绘制直线的要领是：笔杆垂直纸面并略向画线方向倾斜，眼观直线的终点，以控制画线方向，一笔画成，做到粗细均匀。水平线、垂直线、倾斜线的画法如图 1-3-2 所示。

二、常用角度的徒手画法

通常采用辅助三角形绘制常用的角度线。根据比例关系，在两直角边上定出几点，然后连线，可画 45°、30°、60°等常见角度线，如图 1-3-3 所示。

图 1-3-2　直线的徒手画法

图 1-3-3　常用角度的画法

三、圆的徒手画法

画小圆时，凭目测在中心线上按半径定出四点，然后依次连接各点成圆。画大圆时，可按半径目测定出八点连接成圆，如图 1-3-4 所示。

四、圆角、曲线及椭圆的徒手画法

徒手绘制圆角、曲线及椭圆，可利用辅助正方形、矩形、棱形进行画图，如图 1-3-5 所示。

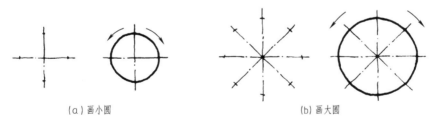

（a）画小圆　　　　　　　　　　（b）画大圆

图 1-3-4　圆的徒手画法

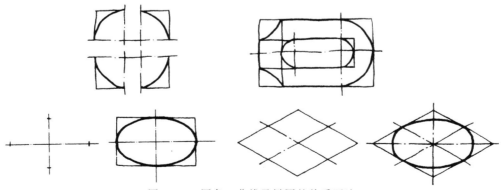

图 1-3-5　圆角、曲线及椭圆的徒手画法

【例题】 徒手绘制如图 1-3-6 所示的平面图形。

图 1-3-6 徒手绘制平面图形

作图步骤如图 1-3-7 所示。

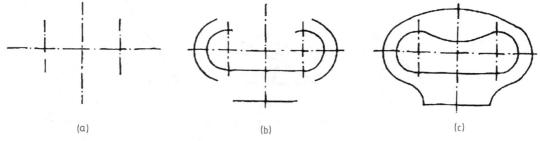

(a)   (b)   (c)

图 1-3-7 徒手绘制平面图形的步骤

任务三指导

一、绘图步骤

① 分析图形。着重分析图形中的尺寸及线段性质，从而决定作图步骤。

② 画出图形的基准线、对称线及圆的中心线等，灵活采用各种辅助图线。

③ 按已知线段、中间线段、连接线段的顺序绘图，作图步骤如图 1-3-8 所示。

(a)   (b)   (c)

图 1-3-8 徒手绘制平面图形的步骤

二、注意事项

① 绘制每条线段时，应屏住呼吸，一气呵成。

② 画线时应按先直线，后曲线的顺序进行。

③ 绘制曲线时应先找出一系列特征点，再用光滑曲线连接。

单元二　计算机绘图基础

任务一　用 AutoCAD 绘制简单平面图形（一）

① 学会 AutoCAD 的基本操作及用 AutoCAD 输入文字的方法。

② 用 AutoCAD 绘制如图 2-1-1 所示的图框和标题栏，并保存为样板文件。

③ 绘制如图 2-1-1 所示的五角星（大小自定）并保存。

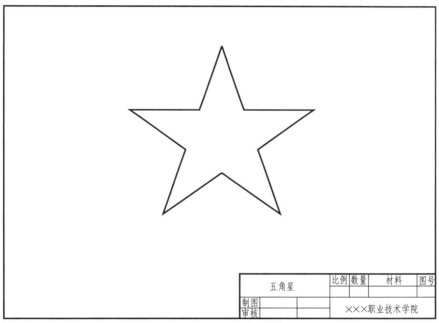

		比例	数量	材料	图号
	五角星				
制图				×××职业技术学院	
审核					

图 2-1-1　图框和标题栏

任务一给出了一简单平面图形，包含图框和标题栏。要完成此任务，需熟悉 AutoCAD 2008 的用户界面，掌握几个常用绘图及编辑命令的操作方法以及文字输入方法，熟悉图框和标题栏的绘制过程，以及如何生成样板文件。

● AutoCAD2008 工作界面

● 绘图环境的设置

● 图层的设置与使用

● 设置线型比例

● 文字输入

● 常用绘图命令之一

● 常用编辑命令之一

一、AutoCAD2008 工作界面

1. 启动 AutoCAD2008

方法 1：在 Windows 桌面上双击 AutoCAD2008 中文版快捷图标█。

方法 2：单击 Windows 桌面左下角的"开始"按钮，在弹出的菜单中选择"程序"→Autodesk→AutoCAD2008-Simplified Chinese→AutoCAD2008 命令。

2. AutoCAD2008 的用户界面

AutoCAD2008 的用户界面如图 2-1-2 所示。

图 2-1-2　AutoCAD 2008 的用户界面

图 2-1-3　"视图"下拉菜单

（1）标题栏

AutoCAD2008 的标题栏左侧显示该程序的图标及当前所操作图形文件的名称。

（2）菜单栏

AutoCAD2008 的下拉菜单中包含 11 个菜单，几乎包含了该软件的所有命令，单击菜单栏中的某一菜单，即弹出相应的下拉菜单，如图 2-1-3 所示。

（3）命令行

命令行窗口是用户输入命令和显示命令提示信息的区域。

（4）工具栏

工具栏是一组图标的集合，它为用户提供了另一种调用命令的方式。

AutoCAD2008 在默认情况下，只显示"标准注释"、"工作空间"两个工具栏，如图 2-1-4（a）所示。

(a) 固定显示的工具栏

(b) 浮动显示的工具栏

图 2-1-4 AutoCAD2008 中的默认工具栏

单击工具栏中的某一图标，可执行相应的命令；将光标移动到某个图标上稍停片刻会显示相应的工具提示。

工具栏常用操作如下。

① 浮动或固定工具栏。固定工具栏被锁定在 AutoCAD2008 窗口的顶部、底部或两侧，如图 2-1-4(a) 所示。将光标移至工具栏左侧两竖条上，可以把固定工具栏拖出而成为浮动工具栏。浮动工具栏显示该工具栏的标题，如图 2-1-4(b) 所示。将光标移到标题栏，按住鼠标左键，可拖动该工具栏在屏幕上自由移动。

② 打开或关闭工具栏。将光标移动到任一工具栏图标上，单击鼠标右键，在弹出的快捷菜单中选择所需的工具栏，如图 2-1-5 所示。菜单项前有"√"的表示该工具栏已打开。去掉"√"可关闭相应工具栏，还可通过浮动工具栏上的 ✕ 按钮关闭。

③ 弹出式工具栏。右下角带有小三角标记的图标称为弹出式工具栏。将光标移动到该图标上，按住鼠标左键，将弹出相应的工具栏，移动光标到某一图标上然后松开左键，则该图标成为工具栏中的当前图标，如图 2-1-6 所示。

图 2-1-5 右键快捷菜单

图 2-1-6 弹出式工具栏

（5）绘图区

绘图区是 AutoCAD 显示、编辑图形的区域。在绘图窗口的左下角有一个坐标系图标，它反映当前所使用的坐标系形式和坐标方向。

（6）状态栏

状态栏位于屏幕的底部，左侧显示绘图区中光标的坐标 X、Y、Z 的值，右侧依次有"捕捉"、"栅格"、"正交"、"极轴"、"对象捕捉"、"对象追踪"、"DUCS"、"DYN"、"线宽"

和"模型"10 个辅助绘图工具按钮。单击任一按钮，可打开或关闭相应的辅助工具。在按钮上单击右键可进行详细设置。它们的功能见表 2-1-1。

表 2-1-1 状态栏功能说明

按 钮	说 明
捕捉	控制是否采用捕捉辅助绘图
栅格	控制是否采用栅格辅助绘图
正交	控制是否打开正交模式，如果打开，光标只能水平或垂直移动
极轴	控制是否打开极坐标追踪
对象捕捉	控制是否打开对象捕捉，打开可捕捉所设置的点
对象追踪	控制是否打开对象捕捉追踪，如果打开，可对正需要的对象
DUCS	允许或禁止动态 UCS
DYN	控制是否打开动态输入显示
线宽	控制是否在屏幕上显示线宽
模型	控制绘图时模型空间和图纸空间的切换

3．保存文件

① 从"文件"菜单中选择"保存"或"另存为"命令，也可单击标准工具栏中的"保存"按钮 ▣ 保存文件。

② 保存为图形样板文件

如果以后需要重复使用当前的文件样式，可将此文件保存为图形样板。样板文件的扩展名为 dwt，如图 2-1-7 所示。

图 2-1-7 "图形另存为"对话框

4．退出 AutoCAD 2008

执行下列操作之一，可以退出 AutoCAD2008。

① 从"文件"菜单中选择"退出"命令。

② 单击 AutoCAD 主窗口的"关闭"按钮 。

二、绘图环境的设置

AutoCAD2008 命令的启动格式有三种：

① 单击工具栏图标；

② 选择菜单输入；

③ 键盘输入命令（命令英文缩写或全称）。

撤销已输入的命令，按键盘左上角的 Esc 键；重复刚撤销的命令，按 Enter 键。

在本书的绘图实例中，我们将灵活运用这些方式。

1. 图纸幅面的设置

图纸幅面是指绘图区域的大小。图幅大小的设置可选择"格式→图形界限"菜单或执行"LIMITS"命令。输入命令后，命令行显示：

命令:Limits(回车)

重新设置模型空间界限：

指定左下角点或[开(On)/关(Off)]〈0.0000,0.0000〉(回车)

指定右上角点〈12.0000,9.0000〉297,210(设置为 A4 大小的图纸,回车)

2. 绘图辅助工具

（1）缩放（ZOOM）

该命令用来在屏幕上放大或缩小图形的视觉尺寸，其实际尺寸不变。图 2-1-8 为工具栏上的"缩放"图标说明。

图 2-1-8 缩放图标

命令:Z(回车)(Zoom 的缩写)

指定窗口角点,输入比例因子,(XP 或 nXP),或者

[全部(A)/中心(C)/动态(D)/范围(E)/上一个(P)/比例(S)/窗口(W)/对象(O)]

〈实时〉

选项说明。

① 全部（A）：显示当前视区中图形界限的全部图形。

② 中心点（C）：表示指定一个新的画面中心，然后输入缩放倍数，重新确定显示窗口的位置。

③ 动态（D）：进入动态缩放/平移方式，在当前视图中显示出全部图形。

图 2-1-9　栅格与捕捉设置

④ 范围（E）：根据实体边界显示全图。

⑤ 上一个（P）：显示前一视图。

⑥ 比例（S）：按比例缩放。

⑦ 窗口（W）：开窗放大。

⑧ 对象（O）：选择对象全屏放大。

（2）设置栅格和捕捉

栅格主要用于显示一些标定位置的小点，给用户提供直观的距离和位置参考。

捕捉模式用于限制十字光标，使其按照用户定义的间距移动。

在 AutoCAD2008 中，选择"工具→草图设置"（或在辅助工具"栅格"上单击右键，选择"设置"），弹出如图 2-1-9 所示的"草图设置"对话框，设置栅格显示和捕捉距离等内容。

（3）对象捕捉

在 AutoCAD2008 中，用户可以使用"对象捕捉"工具栏中的按钮，随时打开捕捉。对象捕捉工具栏如图 2-1-10 所示。

图 2-1-10　对象捕捉工具栏

右击辅助工具按钮"对象捕捉"，在弹出的快捷菜单中选择"设置"，打开"草图设置"对话框。在"对象捕捉"选项卡中，用户可以通过选择"对象捕捉模式"中相应复选框打开对象捕捉模式，如图 2-1-11 所示。

图 2-1-11　设置对象捕捉模式

图 2-1-12　极轴追踪设置

（4）极轴追踪

使用极轴追踪功能可以用指定的角度绘制图形对象。

右击辅助工具按钮"极轴追踪"，在弹出的快捷菜单中选择"设置"，打开"草图设置"对话框。单击"极轴追踪"选项卡，可对极轴角进行设置，如图 2-1-12 所示。

3. 图形单位的设置

选择菜单"格式→单位"，弹出如图 2-1-13 所示的"图形单位"对话框，可设置长度、角度的单位及精度。

三、图层的设置与使用

AutoCAD 的图层相当于无厚度的透明纸，每张透明纸可画不同线型、颜色等内容的图形。一张完整的图样可以看成是由若干张这种透明纸叠加而成的。

图 2-1-13 "图形单位"对话框

1. 创建新图层

在默认状态下，AutoCAD 会自动创建一个 0 层。

单击右侧"面板"选项板上的图层特性管理器图标 ，打开"图形特性管理器"对话框，单击"新建图层"按钮 ，可以在图层列表中创建一个名称为"图层 1"的新图层。如图 2-1-14 所示。

图 2-1-14 创建新图层

单击某个图层上的"颜色"、"线型"、"线宽"，弹出相应对话框可对它们进行修改。

在默认状态下，线型为连续线型（Continuous）。单击"Continuous"，打开"选择线型"对话框，选择一种线型后，单击"确定"可改变线型，如图 2-1-15 所示。

如果"已加载的线型"列表中没有合适的线型，可单击"加载"按钮，打开"加载或重载线型"对话框进行选择，如图 2-1-16 所示。

2. 图层的管理

（1）切换当前层

图 2-1-15　选择线型

图 2-1-16　"加载或重载线型"对话框

单击"图层"工具栏中"图层控制"下拉列表，选择要将其设置为当前层的图层，可切

图 2-1-17　切换当前层

换当前层，如图 2-1-17 所示。用户只能在当前层绘制图形。

（2）重命名图层

在"图层特性管理器"（图 2-1-14）对话框中选中图层，单击图层名称可重命名图层。

（3）删除图层

在"图层特性管理器"对话框中，选中需删除的图层后，单击删除按钮 ✕（或按 Delete）后按"应用"，可以删除该层。但 0 层、当前层、含有实体的图层不能被删除。

（4）改变图形对象所在图层

若某一图形不在预先设置的图层上，可选中该图形，切换到所需的图层，然后按 Esc 键即可。

四、设置线型比例

为改变虚线、点画线、中心线等非连续线型的外观，可设置线型比例。

选择"格式→线型"菜单，打开"线型管理器"对话框，如图 2-1-18 所示。

利用"详细信息"设置区中的"全局比例因子"编辑框，可以设置图形中所有非连续线型的外观。

图 2-1-18 "线型管理器"对话框

在命令行中键入"lts"后回车，直接输入比例，也可设置"全局比例因子"。

五、文字输入

1. 设置文字样式

选择"格式→文字样式"，弹出文字样式对话框，如图 2-1-19 所示。通过该对话框，可对文字样式命名，并设置字体、效果等。长仿宋字可按图 2-1-19 所示进行设置。

图 2-1-19 文字样式的设置

2. 单行文字的输入（DTEXT）

选择"绘图→文字→单行文字"（命令为DT），启动单行文字输入命令，屏幕提示：

当前文字样式:"长仿宋字"文字高度:2.5000注释性:否

指定文字的起点或[对正(J)/样式(S)]:(指定起点)

指定高度〈2.5000〉:(指定高度)

指定文字的旋转角度〈0〉:(指定文字的倾斜方向角度)

输入文字:(输入文字,按两次回车键结束该命令)

选项说明。

① 对正：指定文字与拾取点的对齐方式。其提示如下：

指定文字的起点或[对正(J)/样式(S)]:j(回车)

输入选项[对齐(A)/调整(F)/中心(C)/中间(M)/右(R)/左上(TL)/中上(TC)/右上(TR)/左中(ML)/正中(MC)/右中(MR)/左下(BL)/中下(BC)/右下(BR)]:

各选项的对齐点如图 2-1-20 所示。

图 2-1-20　各选项的对齐点

② 样式：用于改变当前文字的样式。选择该项后，提示如下：

输入样式名或［?］〈Standard〉：（输入样式名，回车）

若输入"?"并回车后，则打开文本窗口，列出当前图形文件中的所有字体样式。

3. 多行文字的输入（MTEXT）

（1）多行文字的输入

单击"绘图"工具栏的"多行文字"按钮 **A** （或选择"绘图→文字→多行文字"），启动多行文字输入命令，提示：

命令：_ mtext 当前文字样式："长仿宋字"文字高度：2.5 注释性：否

指定第一角点：（用鼠标光标指定一点）

指定对角点或［高度（H）/对正（J）/行距（L）/旋转（R）/样式（S）/宽度（W）/栏（C）］：（指定对角点）

指定对角点后弹出文字编辑框，如图 2-1-21 所示，输入文字并进行编辑后，按"确定"即可。

图 2-1-21　多行文字输入编辑对话框

（2）特殊字符的输入

如图 2-1-22 所示，在文字编辑对话框中单击鼠标右键，在弹出的快捷菜单中选"符号→其他…"，弹出字符映射表，选取相应的字符复制、粘贴即可。常用符号对应的代码如下。

角度（°）：%%D　　　　　直径 ϕ：%%C　　　　　%：%%%　　　　　±：%%P

（3）堆叠文字的创建

如图 2-1-23 所示为创建公差堆叠方法。几个分隔字符的作用如下。

"/"：垂直地堆叠文字，由水平线分隔。

"♯"：对角地堆叠文字，由对角线分隔。

"^"：创建公差堆叠，不用直线分隔。

4. 文本编辑

（1）文字内容的修改

图 2-1-22　多行文字输入编辑对话框右键菜单

图 2-1-23　堆叠文字的输入

　　直接双击要修改的文字，或者选取要修改的文字，单击鼠标右键，在快捷菜单中选"编辑…"，对单行文字可直接编辑，对多行文字则弹出"文字格式"对话框，在其中进行修改后单击"确定"即可完成修改。

　　（2）属性的修改

　　选取要修改的文字，单击右键，在快捷菜单中选"特性…"，弹出"对象特性编辑器"对话框，如图 2-1-24 所示。在这个对话框中，可以对文字的内容、高度等进行修改。

　　六、常用绘图命令之一

　　1. AutoCAD 数值的输入方法

　　在命令行提示输入点时，可采用下列方法输入点的数据。

　　① 绝对直角坐标输入：x,y,(z)

　　② 绝对极坐标输入：L<θ

　　③ 相对直角坐标输入：@Δx,Δy,(Δz)

图 2-1-24 对象特性管理器

④ 相对极坐标输入：@L<θ

⑤ 直接距离输入法。

2．直线（LINE）

缺省状态下，AutoCAD 通过两点绘制一条直线。

【例题 1】 绘制如图 2-1-25 所示的三角形。

单击 / 按钮（下拉菜单"绘图→直线"），启动"直线"命令，屏幕指示：

指定第一点：45,125（回车）

指定下一点或[放弃(U)]：145,125（或@100,0）（可用绝对直角坐标或相对直角坐标输入数值,回车）

指定下一点或[放弃(U)]：95,210（或@-50,85）（回车）

指定下一点或[放弃(U)]：C（闭合成三角形,回车结束操作）

3．正多边形（POLYGON）

该命令用于绘制正多边形。

【例题 2】 绘制如图 2-1-26 所示的正五边形。

图 2-1-25 画三角形

图 2-1-26 正五边形画法

单击 ⬠ 图标按钮（下拉菜单"绘图→正多边形"），启动"正多边形"命令后，出现如下提示：

输入边的数目〈4〉:5（回车）

指定正多边形的中心点或[边(E)]:50,50（回车）

输入选项[内接于圆(I)/外切于圆(C)]〈C〉:I

两个选项说明如下。

内接于圆（I）：以过正多边形顶点的圆的半径来确定正多边形的大小。

外切于圆（C）：以多边形的内切圆半径来确定正多边形的大小。

指定圆的半径：20（回车，结果如图 2-1-26 所示）

七、常用编辑命令之一

使用编辑命令时需要选择对象。对象的选择方法有以下三种方式。

① 用左键单击选择一个对象。

② 单击左键从左向右拖动，选择所有位于矩形窗口内的对象，用户需要指定窗口的两个角点。

③ 单击左键从右向左拖动，除选择全部位于矩形窗口内的所有对象外，还包括与窗口四边相交的所有对象。

1．偏移（OFFSET）

偏移命令可以创建与选定对象形状平行的新对象。

【例题 3】　将图 2-1-27(a) 所示的长圆形整体，向内偏移 10mm 变为图 2-1-27(b)。

单击 图标按钮（下拉菜单"修改→偏移"），启动"偏移"命令后，出现如下选项：

指定偏移距离或[通过(T)]〈通过〉:10(回车)

选择要偏移的对象或〈退出〉:用鼠标选择长圆形

指定要偏移的那一侧上的点，或[退出(E)/多个(M)/放弃(U)]〈退出〉:[用鼠标在长圆形内任意位置单击,结果如图2-1-27(b)]

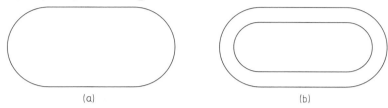

(a)　　　　　　　(b)

图 2-1-27　偏移

2. 修剪（TRIM）

修剪命令是以直线、圆、圆弧等图形对象作为边界，将某些不需要的部分剪掉，如图 2-1-28 所示。操作方法如下。

单击 图标按钮（下拉菜单"修改→修剪"），启动"修剪"命令后，出现如下提示：

选择剪切边…

选择对象或〈全部选择〉:选择修剪的边界,如图2-1-28(b)中虚线所示

选择对象:(回车确认)

选择要修剪的对象,或按住 Shift 键选择要延伸的对象,或

[栏选(F)/窗交(C)/投影(P)/边(E)/删除(R)/放弃(U)]:(选择被修剪的对象)

选择要修剪的对象,或按住 Shift 键选择要延伸的对象,或

[栏选(F)/窗交(C)/投影(P)/边(E)/删除(R)/放弃(U)]:[回车确认,结果如图2-1-28(c)所示]

(a)修剪前　　　　　(b)选择修剪的边界　　　　　(c)修剪后

图 2-1-28　修剪命令的使用

注意：修剪后，有时会产生一些单段图线无法修剪，删除即可。

3. 删除（ERASE）

删除命令是所有编辑命令中使用频率较高的一个。执行该命令后，AutoCAD 提示：

命令:_ erase

选择对象:[鼠标框选或鼠标左键点击选择图2-1-29(a)中的六边形]找到 n 个

选择对象:[点击右键或回车,即删除所选择的图形对象,结果如图2-1-29(b) 所示]

删除对象还可在选择该对象后，按键盘上的 Delete 键。

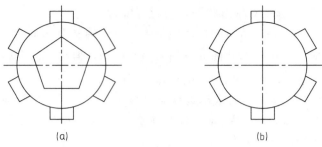

(a)   (b)

图 2-1-29　删除

任务一指导

一、绘图步骤

1. 绘制图框和标题栏，并保存为样板文件

（1）绘制 A4 图框

启动 AutoCAD2008，先用"Limits"命令将图纸幅面设置为 297×210，并进行全屏缩放，然后利用直线命令从点（25，5）开始绘制图框，注意打开正交或极轴，当直线呈水平或垂直状态时，直接输入距离 267 或 200（注意输入距离后回车），绘制直线，如图 2-1-30 所示。当绘制图框的后两条线段时，可利用极轴和对象追踪功能，捕捉端点，不需输入距离，简化作图，步骤如图 2-1-31 所示。

图 2-1-30　利用正交功能直接输入距离绘制图框

绘制出的图框如图 2-1-32 所示。

（2）绘制标题栏

利用偏移和修剪命令绘制出标题栏，操作如下：

命令：_offset

指定偏移距离或［通过（T）]〈10.0000〉：120

选择要偏移的对象或〈退出〉：（选择右边框线）

指定点以确定偏移所在一侧：（向右边框线左边任意单击一点）

（回车两次重复偏移命令）

图 2-1-31　利用极轴和对象追踪功能绘制图框

图 2-1-32　绘制好的图框

命令：_ offset

指定偏移距离或［通过(T)]〈130.0000〉：28

选择要偏移的对象或〈退出〉：(选择下边框线)

指定点以确定偏移所在一侧：(向下边框线上方任意单击一点)

选择要偏移的对象或〈退出〉：(回车)

同样利用偏移命令绘制出标题栏的其他图线，如图 2-1-33。

命令：_ trim

选择剪切边…

选择对象或〈全部选择〉：(按鼠标右键选择所有对象为剪切边)

选择要修剪的对象，或按住 Shift 键选择要延伸的对象，或［栏选(F)/窗交(C)/投影(P)/边(E)/删除(R)/放弃(U)]：(依次选择所有需剪切的直线)

产生的单段图线可用删除命令删除，结果如图 2-1-34 所示。

图 2-1-33　利用偏移命令绘制图线

图 2-1-34　修剪标题栏

（3）文字样式的设置

选择"格式→文字样式"命令，弹出"文字样式"对话框，单击"新建"按钮，创建一个样式名"汉字"，选取字体 isocp.shx，使用大字体 gbcbig.shx，高度为 5，宽度因子为 0.707，其他设置取默认值。如图 2-1-35 所示，单击"应用"，再单击"关闭"。

图 2-1-35　文字样式的设置

（4）输入文字

单击"绘图"工具栏中的多行文字工具 **A**，按照提示，捕捉需要输入文字方框的左下角和右上角作输入文字的第一角点和对角点。输入文字后，点击"多行文字对正" **A** 按钮的下拉列表，选择正中对齐方式，如图 2-1-36 所示。

用同样的方法输入标题栏中的其他文字，完成后如图 2-1-37 所示。

（5）保存为样板文件

图 2-1-36　输入文字

五角星		比例	数量	材料	图号
制图		×××职业技术学院			
审核					

图 2-1-37　输入文字后的标题栏

　　执行"文件→另存为"命令，弹出"图形另存为"对话框，在"文件类型"下拉列表中选择"AutoCAD 图形样板（*.dwt）"进行保存，如图 2-1-38 所示。以后绘图时，若需要 A4 图纸，均可使用该图形样板，而不必再重新绘制图框和标题栏。

图 2-1-38　"图形另存为"样板文件

　　在 AutoCAD 中，图形样板需要设置的内容，还包括对线型、文字及标注样式、常用图块等一系列内容的设置，这些内容将在以后的单元中涉及。

　　2. 绘制五角星

　　① 将当前层切换到粗实线层，单击绘制多边形图标 ⬠，输入边数"5"，中心点坐标"160，120"，选择内接于圆"I"，输入圆的半径"60"，按回车键绘制出正五边形（图 2-1-39）。

　　② 单击状态栏的"对象捕捉"按钮，打开并设置自动捕捉"端点"。单击绘制直线图标 ✏，连接五边形的端点，按回车键绘制出五角星（见图 2-1-40）。

图 2-1-39　绘正五边形

图 2-1-40　利用端点捕捉绘制五角星

③ 单击"选项"面板上修剪图标 -/--，按回车键（或鼠标右键）选定所有图形作为修剪边界，再用鼠标选择需要修剪掉的线段，如图 2-1-41（a）所示。选中五边形，按 Delete 键将其删除，如图 2-1-41（b）所示。完成后的图形见图 2-1-1。

（a)修剪线段

（b)删除五边形

图 2-1-41　修剪并删除

④ 单击标准工具栏上的保存图标 ![icon]，将文件命名为"五角星"保存。

二、注意事项

① 同时打开"极轴"、"对象捕捉"和"对象追踪"功能，可以精确、快捷地确定目标点，不妨多练习该法，提高绘图速度。

② 直接距离输入法能够快速指定一个与上一输入点相关的点。在提示输入点时，可沿所需方向移动十字光标，然后输入一个相对于参考点的距离值，回车即可。使用正交或极轴追踪时，这个功能特别有用。

③ AutoCAD 中，常需要重复使用命令。按回车键或按空格键即可重复刚刚执行过的命令。

任务二　用 AutoCAD 绘制简单平面图形（二）

任务描述

绘制如图 2-2-1 所示的平面图形（不标注尺寸）。

图 2-2-1　平面图形

任务分析

要完成任务二所示的平面图，需要用到圆、圆弧等绘图命令和复制、阵列、镜像等编辑命令，在本任务中应重点掌握这些命令的使用方法。

相关知识

● 常用绘图命令之二
● 常用编辑命令之二

一、常用绘图命令之二

1. 矩形（RECTANG）

矩形命令是利用两个角点或矩形的长和宽来绘制矩形。另外还可以设置矩形的倒角、圆角、标高和厚度等。

【例题 1】　绘制如图 2-2-2 所示矩形，设置线宽 0.35。

图 2-2-2 矩形的绘制

单击图标按钮 ▭（下拉菜单"绘图→矩形"），启动矩形命令后，出现如下提示：

命令：_ rectang

指定第一个角点或 ［倒角(C)/标高(E)/圆角(F)/厚度(T)/宽度(W)］：f(回车)

指定矩形的圆角半径〈5.0000〉：5(回车)

指定第一个角点或 ［倒角(C)/标高(E)/圆角(F)/厚度(T)/宽度(W)］：w(回车)

指定矩形的线宽〈0.3500〉：0.35(回车)

指定第一个角点或 ［倒角(C)/标高(E)/圆角(F)/厚度(T)/宽度(W)］：（用鼠标光标在绘图区选定一点单击,作为矩形的第一角点）

指定另一个角点或 ［面积(A)/尺寸(D)/旋转(R)］：@50,30(用相对坐标方式,回车结束操作)

常用选项说明如下。

① 倒角 （C）：设置矩形倒角。

② 圆角 （F）：设置矩形倒圆角的半径。

③ 宽度 （W）：设置构成矩形的直线宽度。

2. 圆 （CIRCLE）

圆是绘图中常用的图形，AutoCAD 的圆 （CIRCLE） 命令，提供了 6 种画圆的方式，如图 2-2-3 所示，可通过下拉菜单"绘图→圆"选择。

图 2-2-3 绘圆的六种方法

① 圆心、半径 （R）：已知圆心和半径画圆。

② 圆心、直径 （D）：已知圆心和直径画圆。

③ 两点 （2）：以两已知点间的距离为直径画圆。

④ 三点 （3）：过已知三点画圆。

⑤ 相切、相切、半径 （T）：过两个切点且给定半径画圆。

⑥ 相切、相切、相切 （A）：过三个切点画圆。

【例题2】 绘制过 A （45，125）、B （145，125）、C （95，210） 三点的三角形的外接

圆、内切圆，如图 2-2-4 所示。

操作步骤：

① 用直线命令绘制三角形 ABC。

注意：本例中因采用绝对坐标输入，需关闭辅助工具栏中的"DYN"按钮。

② 设置捕捉：设置捕捉交点和切点。

③ 画外接圆。

单击图标 ，屏幕提示：

_ Circle 指定圆的圆心或［三点(3P)/两点(2P)/相切、相切、半径(T)］:3P(回车)

指定圆上的第一个点：(捕捉交点 A)

指定圆上的第二个点：(捕捉交点 B)

指定圆上的第三个点：(捕捉交点 C)

④ 画内切圆。

选择下拉菜单"绘图→圆→相切、相切、相切"，屏幕提示：

命令：_ circle 指定圆的圆心或［三点(3P)/两点(2P)/相切、相切、半径(T)］:_ 3p 指定圆上的第一个点：_ tan 到（在直线 AB 上单击捕捉切点）

指定圆上的第二个点：_ tan 到（在直线 BC 上单击捕捉切点）

指定圆上的第三个点：_ tan 到（在直线 AC 上单击捕捉切点）

结果如图 2-2-4 所示。

3. 圆弧（ARC）

圆弧可以看成是圆的一部分，圆弧不仅有圆心和半径，而且还有起点和端点。绘制圆弧的方法有多种，菜单选择如图 2-2-5 所示。图 2-2-6 画出了三点法和指定起点、圆心、端点绘制圆弧的两种方法。

4. 椭圆（ELLIPSE）

椭圆有长轴，短轴两个主要参数。缺省状态下，AutoCAD 通过指定长轴和短轴的三个端点绘制椭圆。

【例题 3】 以点（100，155）为圆心作一半径为 20 的圆，再作一半径为 60 的同心圆。以该圆心为圆心作两个相互正交的椭圆，椭圆短半轴为小圆半

图 2-2-4 画外接圆与内切圆

图2-2-5 绘制圆弧的方法

(a)三点法

(b)起点、圆心、端点法

图 2-2-6 绘制圆弧

径，长半轴为大圆半径。

操作步骤：

① 画两个同心圆，如图 2-2-7(a) 所示。

② 画两个椭圆，如图 2-2-7(b) 所示。

选择菜单"绘图→椭圆"（或单击图标 ◯ ），出现的提示为：

命令：_ ellipse

指定椭圆的轴端点或［圆弧(A)/中心点(C)］：（确定对象捕捉中设置了自动捕捉象限点，用鼠标捕捉大圆左边的象限点）

指定轴的另一个端点：（用鼠标捕捉大圆右边的象限点）

指定另一条半轴长度或［旋转(R)］：（用鼠标捕捉小圆上方的象限点）

上述步骤可画出长轴在水平方向的椭圆。用同样的方法可画出长轴在竖直方向的椭圆。

 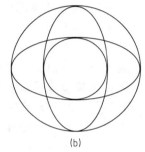

(a)　　　　　　　　　　　　　(b)

图 2-2-7　绘制同心圆与椭圆

二、常用编辑命令之二

1. 放弃（UNDO）与重做（REDO）

单击标准工具栏上的图标 ↰ （放弃），可撤销上一步操作，单击图标 ↱ （重做）可重做一次刚刚撤销的工作。

2. 复制（COPY）

该命令可将选中的对象进行多次复制。

【例题 4】　以点（100，150）为中心，作一内径为 20，外径 40 的圆环，在该圆环的四个象限点上作四个同样大小的圆环，外面四个圆环均以一个象限点与内圆环上的象限点相重叠，如图 2-2-8(c) 所示。

操作步骤：

① 设置捕捉：（象限点捕捉）

② 画中间圆环。

选择菜单"绘图→圆环"，屏幕提示：

命令：Donut

指定圆环的内径：20（回车）

指定圆环的外径：40（回车）

指定圆环的圆心或〈退出〉100,150（回车），如图2-2-8(a) 所示。

③ 复制右侧圆环。

单击图标 ⬡ （或菜单"修改→复制"），出现的提示为：

命令：_ copy

选择对象：找到1个（选择中间圆环）

选择对象：（点击右键）

当前设置：复制模式＝多个

指定基点或〔位移（D）/模式（O）〕〈位移〉：指定第二个点或〈使用第一个点作为位移〉：（捕捉中间圆环左象限点）

指定第二个点或〔退出（E）/放弃（U）〕〈退出〉：〔捕捉中间圆环右象限点，回车，复制出右侧圆环，结果如图2-2-8(b)所示〕

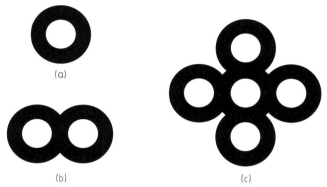

(a)

(b)   (c)

图 2-2-8 绘制并复制圆环

④ 用同样方法复制左、上、下侧圆环，结果如图 2-2-8(c) 所示。

3. 阵列 （ARRAY）

阵列命令是将对象进行有规律的多个复制，分为矩形阵列和环形阵列两类。

单击 （或菜单"修改→阵列"），将弹出"阵列"对话框。在对话框中首先确定是矩形阵列还是环形阵列，如图 2-2-9 所示。

(a)矩形阵列

(b)环形阵列

图 2-2-9 阵列对话框

若选矩形阵列，则输入阵列的行数与列数，并确定行距、列距及阵列角度，其阵列方向由行、列距的正、负号表示。最后单击对话框中选择对象按钮，在"选择对象"提示下，拾取需阵列的对象，确定后又回到阵列对话框，在该对话框中单击"确定"按钮。

若选环形阵列，则输入项目总数、填充角度或项目间角度。阵列对象若要旋转，则选中

"复制时旋转项目"复选框，再确定中心点，中心点可由输入 X、Y 的坐标值确定，也可通过拾取中心点的方法确定。最后单击选择对象按钮，在"选择对象"提示下，拾取需阵列的对象，确定后回到阵列对话框，在该对话框中单击"确定"按钮。

图 2-2-10 和图 2-2-11 分别为矩形阵列和环形阵列示例图。

图 2-2-10 矩形阵列   图 2-2-11 环形阵列

4. 镜像（MIRROR）

Mirror 命令能将对象按指定的镜像轴线作对称复制，原对象可保留也可删除。

【例题 5】 将图 2-2-12（a）所示的图形修改为图 2-2-12（b）。

单击 ◢◣（或菜单"修改→镜像"），屏幕提示如下：

命令：_ mirror

选择对象：指定对角点：找到 8 个

选择对象：（拾取需镜像的对象，回车确定）

指定镜像线的第一点：（捕捉端点 A）

指定镜像线的第二点：（捕捉端点 B）

要删除源对象吗？［是（Y）/否（N）］〈N〉：［不删除时直接回车,删除时输入"Y"后回车,结果如图2-2-12(b)所示］

（a）   （b）

图 2-2-12 镜像示例

一、绘图步骤

① 绘图设置。设置绘图区域大小、绘图单位、设置图层、线型、颜色。由于该图形尺寸较小，要注意设置较小的线型比例因子（命令 LTS）。

② 在中心线层上绘制定位基准线，注意绘制角度线时使用极轴追踪（极轴的增量角 20°）会比较方便，如图 2-2-13（a）所示。

③ 绘制 $\phi11$、$\phi2.55$、$\phi1$ 的圆，画出 $R0.75$ 的腰形槽，使用偏移命令（偏移距离为 0.375）绘制缺口，如图 2-2-13(b) 所示，修剪后得到如图 2-2-13(c) 所示的图形。

④ 进行环形阵列后修剪，得到如图 2-2-13(d) 所示图形。

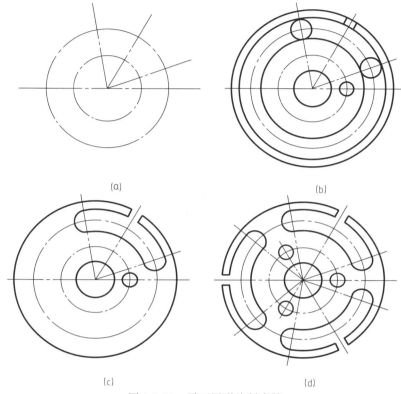

图 2-2-13　平面图形绘制步骤

二、注意事项

① AutoCAD 的命令行窗口是用户输入命令和显示命令提示信息的区域，对于较复杂的命令，初学者请随时注意相关操作提示，并据此操作。

② 进行环形阵列时，应注意中心点的确定。中心点一般通过拾取点的方法确定。

③ 选择多个对象时，若不能依次选取，应按住 Shift 键进行选取，也可通过菜单"工具→选项"，在选择集选项卡中去掉"用 Shift 键添加到选择集"前的"√"。

任务三　用 AutoCAD 绘制复杂平面图形

任务描述

按尺寸要求，绘制如图 2-3-1 所示吊钩的平面图形（不标尺寸）。

任务分析

任务三给出的吊钩轮廓形状复杂，除了需要综合运用"直线"、"圆"、"偏移"、"修剪"等常用命令和单元一中所学过的圆弧连接、平面图形画法等知识外，还要用到 AutoCAD 的其他一些命令，才能简便而快捷地绘制出该图形。

图 2-3-1　吊钩的平面图形

● AutoCAD 的其他绘图、编辑命令

● 用 AutoCAD 绘制平面图形的方法和步骤

一、AutoCAD 的其他绘图、编辑命令

1. 多段线（PLINE）

多段线是由直线段和圆弧相连而成的单一的对象。直线和圆弧可通过在命令行输入"A"或"L"进行切换，其线宽可以改变。

【例题 1】　绘制如图 2-3-2 所示的箭头，已知 AB 长 40，线宽 1；BC 长 20，B 点线宽 5，C 点线宽 0。

A(100,100)　　　B　　　C

图 2-3-2　绘制多段线

单击图标 ↳（或菜单"绘图→多段线"），屏幕提示如下：

命令：_ pline

指定起点：100,100(键盘输入 A 点坐标)

当前线宽为 0.0000

指定下一个点或［圆弧(A)/半宽(H)/长度(L)/放弃(U)/宽度(W)］：w(选择线宽)

指定起点宽度〈0.0000〉：1(AB 起点线宽为 1)

指定端点宽度〈1.0000〉：1(AB 终点线宽为 1)

指定下一个点或［圆弧(A)/半宽(H)/长度(L)/放弃(U)/宽度(W)］：40(绘出 AB,用距离输入,注意光标水平向右拖动)

指定下一点或［圆弧(A)/闭合(C)/半宽(H)/长度(L)/放弃(U)/宽度(W)］：w(选择线宽)

指定起点宽度〈1.0000〉：5(BC 起点线宽为 5)

指定端点宽度〈5.0000〉：0(BC 终点线宽为 0)

指定下一点或［圆弧(A)/闭合(C)/半宽(H)/长度(L)/放弃(U)/宽度(W)］：20(绘出

BC,用距离输入）

2. 延伸（EXTEND）

延伸命令能延长选定的实体，使其精确地延伸到由其他对象定义的边界。

【例题2】　将图 2-3-3(a) 通过延伸命令编辑成图 2-3-3(b)。

图 2-3-3　修剪延伸

操作步骤：

单击图标 ---/（或菜单"修改→延伸"），屏幕提示如下：

命令：_ extend

当前设置：投影＝UCS,边＝无

选择边界的边…

选择对象或＜全部选择＞：找到 1 个(选择作为延伸边界的直线)

选择对象：(回车)

选择要延伸的对象,或按住 Shift 键选择要修剪的对象,或

［栏选(F)/窗交(C)/投影(P)/边(E)/放弃(U)］：(选择需要延伸的直线靠近边界的一端)

选择要延伸的对象,或按住 Shift 键选择要修剪的对象,或

［栏选(F)/窗交(C)/投影(P)/边(E)/放弃(U)］：(选择需要延伸的圆弧)

选择要延伸的对象,或按住 Shift 键选择要修剪的对象,或

［栏选(F)/窗交(C)/投影(P)/边(E)/放弃(U)］：(回车)

延伸时，记住首先选择延伸边界。

3. 旋转（ROTATE）

旋转命令能将对象绕基点旋转指定的角度。

【例题3】　将如图 2-3-4(a) 所示的矩形旋转 30°，如图 2-3-4(b) 所示。

单击图标 ○（或菜单"修改→旋转"），屏幕提示如下：

命令：_ rotate

图2-3-4　旋转

UCS 当前的正角方向：ANGDIR＝逆时针　ANGBASE＝0

选择对象：找到 1 个（选择要旋转的矩形，回车）

指定基点：（指定 A 点作为旋转的中心）

指定旋转角度，或［复制（C）/参照（R）］〈75〉：30［回车。在此项提示下，若输入"R"，则进入参照旋转选项，跟着按提示进行操作，结果如图2-3-4(b)所示］

4. 拉长 （LENGTHEN）

拉长命令主要用于改变选定直线、圆弧、椭圆弧、非闭合样条曲线与多段线的长度，对闭合的对象无效。

选择菜单"修改→拉长"，屏幕提示如下：

命令：_ lengthen

选择对象或［增量（DE）/百分数（P）/全部（T）/动态（DY）］：

拉长直线时各选项的操作效果如图 2-3-5 所示。

20	35	30	32	
拉长前	增量为15	百分数为150%	总长为32	动态

图 2-3-5　拉长命令各选项操作效果图

拉长圆弧时各选项的操作效果如图 2-3-6 所示。

100°	115°	150°	120°	
拉长前	增量为15°	百分数为150%	总角度为120°	动态

图 2-3-6　拉长命令各选项操作效果图

5. 移动 （MOVE）

移动命令主要是在指定方向上按指定距离移动对象。

【例题 4】　将如图 2-3-7(a) 中的圆移动到直线的中点，如图 2-3-7(b) 所示。

单击 ✛ （或菜单"修改→移动"），命令行提示：

命令：_ move

选择对象：（选择要移动的圆，回车）

指定基点或［位移（D）］〈位移〉：（捕捉圆心 O）

指定第二个点或〈使用第一个点作为位移〉：［捕捉直线的中点 M，结果如图2-3-7(b)所示］

6. 缩放 （SCALE）

缩放命令用来缩放对象的大小。

单击 ▨ （或菜单"修改→缩放"），命令行提示：

(a)　　　　　　　　(b)

图2-3-7　移动

命令：_ scale

选择对象：（选择缩放的对象）

选择对象：（回车确认）

指定基点：（指定缩放的基点）

指定比例因子或［参照（R）］：（指定缩放比例）

在不知道具体缩放比例时，可以采用参照方式缩放图形对象。选择要缩放的对象后，指定缩放的基点，然后使用参照方式指定两个点和所需的距离。

7. 打断（BREAK）

打断命令能将对象分解为两部分并删除部分对象。打断对象时，一般在第一个打断点选择对象，并指定第二个打断点。注意打断圆时，系统是按逆时针方向删除圆上第一断点到第二断点之间的部分。

单击█（或菜单"修改→打断"），命令行提示：

命令：_ break 选择对象：（拾取需打断的对象，同时选中了第一个打断点）

选择对象：指定第二个打断点或［第一点（F）］：（在此提示下，可直接输入第二个打断点，删除两断点之间的部分对象）

若选［第一点（F）］项，可另外选择第一个打断点。

图 2-3-8 为打断对象示例。

图 2-3-8 打断对象示例

8. 分解（EXPLODE）

分解命令可以把块分解为块之前的状态，以便对块中的图素进行单独编辑。此外该命令还可对矩形、正多边形、多段线及尺寸进行分解。

【例题5】 用矩形命令任意绘制一矩形，删除上部的水平线，如图 2-3-9 所示。

操作步骤：

① 绘制矩形。用矩形命令任意绘制一矩形，如图 2-3-9（a）所示。

② 分解矩形。此时若选择矩形上方的水平线，会发现选中的是整个矩形，不能对水平线单独进行编辑。因此，必须先将矩形分解。

（a）编辑前　　　　　　　　　　　　（b）编辑后

图 2-3-9 分解矩形后编辑对象

单击 ▓ （或菜单"修改→分解"），命令行提示：

命令：_ explode

选择对象：找到 1 个（选择矩形）

选择对象：（回车确定，矩形分解后为四段独立的直线）

③ 删除水平线。选择上方的水平线，按键盘上的 Delete 键将其删除，结果如图 2-3-9 (b) 所示。

二、用 AutoCAD 绘制平面图形的方法和步骤

1. 尺寸分析和线段分析

依据尺寸分析，确定线段的类型（已知线段、中间线段、连接线段）及其作图的顺序。

2. 绘图前的准备

① 绘图区域、单位的设置。根据图形的大小，可使用图形界限、单位等命令，选择适当的绘图区域以及绘图辅助工具。

② 图层、线型的设置。练习时可仅按图中出现的线型进行设置。

③ 绘图辅助功能的设置与使用。熟悉栅格、捕捉、对象捕捉、极轴、正交和对象追踪的设置与使用方法。对象捕捉设置的自动捕捉点不要太多，以免操作时捕捉到不需要的点。

3. 绘制、编辑图形

① 在中心线层绘制、编辑主要中心线。

② 在 0 层或细实线层绘制、编辑主要定位基准线。

③ 在粗实线层绘制、编辑轮廓线。

④ 在其他图层绘制、编辑剩余图线。

⑤ 检查、修改。

任务三指导

一、绘图步骤

任务三给出的图形中多数线段的连接是圆弧连接，因此，使用直线和圆命令中的"相切、相切、半径"选项，再通过修剪命令，即可完成图形的绘制。具体过程如下。

① 分析图形中的尺寸作用及线段性质，决定作图步骤。

② 设置绘图区域大小、绘图单位、设置图层、线型、颜色。

③ 在中心线层上绘制定位基准线，如图 2-3-10(a) 所示。

④ 切换到粗实线层，绘制已知线段 $\phi 54$、$\phi 30$、$R105$、$R54$。使用圆命令中的"相切、相切、半径"选项，画出吊钩 $R12$ 的圆（代替圆弧）和右边 $R40$ 圆（代替圆弧），如图 2-3-10(b) 所示。通过修剪命令，得到如图 2-3-10(c) 所示的图形。

⑤ 在粗实线层上绘制尺寸为 $R20$ 和 $R70$ 的中间线段。

以 $R105$ 圆心为圆心，$R=105-20=85$ 为半径画出一辅助圆（弧），与距离 14 的中心线的交点即为 $R20$ 的圆心，画出 $R20$ 位置上的圆；以 $\phi 54$ 的圆心为圆心，$70-27$ 为半径画圆，与定位尺寸为 7 的基准线交于一点，即为 $R70$ 的圆心，使用圆命令画出该圆。如图 2-3-10(d) 所示。

⑥ 使用"相切、相切、半径"选项，完成最后的连接圆弧 $R40$，如图 2-3-10(e) 所示。

⑦ 使用修剪命令等对图形进行最后的修改，完成该平面图形如图 2-3-10(f) 所示。

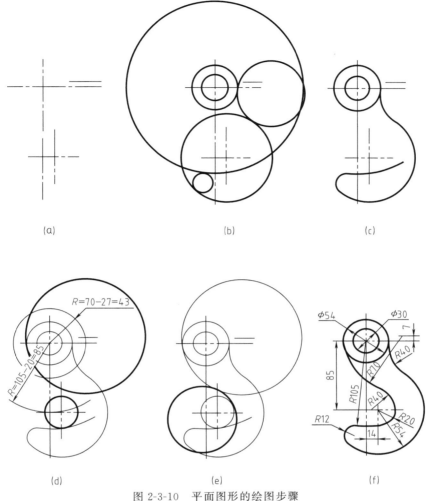

(a)　　　　　　　　　(b)　　　　　　　　　(c)

(d)　　　　　　　　　(e)　　　　　　　　　(f)

图 2-3-10　平面图形的绘图步骤

二、注意事项

① 用 AutoCAD 绘制同一平面图形有多种方法，作图时可根据自己的习惯灵活选用。

② 绘制圆弧部分时，可先画圆，在与之相连的其他图线画出后再进行修剪，这样作图较为方便。

③ 作图不便时可多使用辅助线，再利用 AutoCAD 的编辑功能进行修改。

④ 绘制复杂平面图形时，应及时进行修剪、打断、删除等操作，以免图线太多，影响作图。

⑤ 图形绘制完成后，应使图中的中心线（点画线）超出轮廓线 3～5mm，不要画得太长。另外，不要混淆虚线和点画线。

单元三 投影基础

任务一 画模型的三视图

任务描述

① 从不同角度观察给定的模型，并把它们摆放在纸上草绘出轮廓，观察哪个角度画出的图形与模型最相像，将其作为最佳观察方向。

② 把上一步观察到的最佳观察方向作为主视方向，徒手画出物体的三视图。

③ 查看俯视图与左视图中不可见的轮廓虚线是否最少，否则选相反方向作为主视方向。想一想为什么要这样做。

④ 用 A3 图纸类似图 3-1-1(b) 绘制至少两个给定模型的三视图。

(a) 模型   (b) 三视图

图 3-1-1　物体的三维模型及三视图

任务分析

图 3-1-1(a) 是物体的立体图，这种图直观性好，容易看懂，但表面形状改变，不能反映真实形状，且绘图复杂。图 3-1-1(b) 是物体的三视图，它们都是平面图形，物体的表面能够真实地在图中反映出来，作图简单。在工程图中，一般使用视图的表达方法。因此，要完成本任务，首先应掌握绘制视图的原理——正投影法，理解和运用视图之间的投影规律，从而掌握图示空间物体的方法。

相关知识

● 投影法与正投影
● 三视图的形成及其投影规律
● 三视图的作图方法和步骤

一、投影法与正投影

1. 投影的概念

当灯光或日光照射物体时，在地面或墙面上便会产生物体的影子。人们经科学抽象，便形成了用二维平面图形表达三维空间物体的方法——投影法。

所谓投影法，就是投射线通过物体，向选定的面投射，并在该面上得到图形的方法（见图 3-1-2）；按投影法所得到的图形，称为投影；得到投影的面，称为投影面。

图 3-1-2 中心投影法

2．投影法的分类

投影法分为中心投影法和平行投影法两类。

（1）中心投影法

投射线汇交于一点的投影法，称为中心投影法，如图 3-1-2 所示。

中心投影法所得的投影作图复杂，在工程图中较少采用。但立体感强，常用于绘制建筑效果图（透视图）。

（2）平行投影法

(a) 斜投影法　　　　　　　(b) 正投影法

图 3-1-3 平行投影法

投射线相互平行的投影法，称为平行投影法。

平行投影法中，按投射线是否垂直于投影面，又分为斜投影法和正投影法。

① 斜投影法。指投射线与投影面倾斜的平行投影法。按斜投影法所得到的图形，称为斜投影，见图 3-1-3（a）。

② 正投影法。指投射线与投影面垂直的平行投影法。按正投影法所得到的图形，称为正投影，见图 3-1-3（b）。

正投影法能真实地反映物体的形状和大小，度量性好，作图简便，是绘制工程图样的主要方法。

3．正投影的基本性质

（1）直线的投影特性

与投影面平行的直线，其投影反映实长。如图 3-1-4（a）所示，图中 ab 与 AB 等长。

(a)　　　　　　　(b)　　　　　　　(c)

图 3-1-4 直线的投影特性

与投影面垂直的直线，其投影积聚为点。如图 3-1-4（b）所示，图中 AB 投影成一点a（b）。

与投影面倾斜的直线，其投影缩短。如图 3-1-4（c）所示，图中 ab 的长比 AB 短。

（2）平面的投影特性

与投影面平行的平面，其投影反映实形，如图 3-1-5（a）所示。

与投影面垂直的平面，其投影积聚成直线，如图 3-1-5（b）所示。

与投影面倾斜的平面，其投影与实形类似并缩小，如图 3-1-5（c）所示。

图 3-1-5　平面的投影特性

由直线和平面的投影特性可总结出正投影的特性如下。

① 真实性。当直线或平面平行于投影面时，其投影反映直线段的实长或平面的实形。

② 积聚性。当直线或平面垂直于投影面时，直线段的投影积聚成点，平面的投影积聚成直线。

③ 类似性。当直线或平面倾斜于投影面时，直线段投影变短，平面的投影为小于原形的类似形。

二、三视图的形成及其投影规律

按正投影法绘制出的图形称为视图。通常一个视图不能唯一完整地确定物体的空间形状，因此在工程图中常采用多面正投影的表达方法，如图 3-1-6 所示。

图 3-1-6　一个视图不能确定物体的空间形状

1. 三视图的形成

（1）三投影面体系的建立

三投影面体系由三个相互垂直的投影面所组成，如图 3-1-7 所示。三个投影面分别为：

正立投影面，简称正面，用 V 表示；

水平投影面，简称水平面，用 H 表示；

侧立投影面，简称侧面，用 W 表示。

相互垂直的投影面之间的交线，称为投影轴，它们分别是：

OX 轴（简称 X 轴），是 V 面与 H 面的交线，它代表长度方向；

OY 轴（简称 Y 轴），是 H 面与 W 面的交线，它代表宽度方向；

OZ 轴（简称 Z 轴），是 V 面与 W 面的交线，它代表高度方向。

图 3-1-7 三投影面体系

三根坐标轴相互垂直，其交点 O 称为原点。

（2）物体在三投影面体系中的投影

将物体置于三投影面体系中，如图 3-1-8（a）所示，按正投影法分别向三个投影面投射，由前向后投射在 V 面上得到的视图称为主视图；由上向下投射在 H 面上得到的视图，称为俯视图；由左向右投射在 W 面上得到的视图，称为左视图。

（3）三投影面的展开

为了在同一张图纸上画出三个视图，需将三个投影面展开到同一平面上，其展开方法如下：V 面不动，H 面绕 OX 轴向下旋转 90°，W 面绕 OZ 轴向右旋转 90°，转到与 V 面处于同一平面上，见图 3-1-8（a）、（b）。

由于视图所表达的物体形状与投影面的大小、投影面之间的距离无关，所以工程图样上不画出投影面的边界和投影轴，见图 3-1-8（c）。

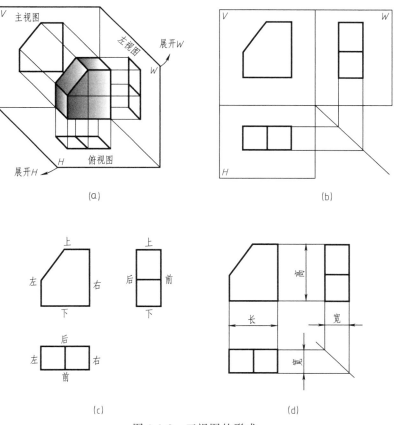

图 3-1-8 三视图的形成

2. 三视图的对应关系

（1）位置关系

俯视图配置在主视图的正下方，左视图配置在主视图的正右方，如图 3-1-8 所示。

（2）尺寸关系

物体有长、宽、高三个方向的尺寸。主视图反映长度和高度，俯视图反映长度和宽度，左视图反映宽度和高度，如图 3-1-8（d）所示。相邻两个视图在同一方向的尺寸应相等，即：

主、俯视图长对正；

主、左视图高平齐；

俯、左视图宽相等。

三视图之间"长对正、高平齐、宽相等"的"三等"关系，反映了三视图的投影规律。各视图不但整体上要满足这一规律，而且每个视图中的各个部分都必须符合这一投影规律，在画图、看图时都要严格遵守，如图 3-1-9 所示。

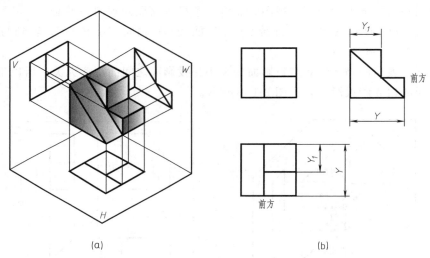

(a)　　　　　　　　　　　　　　　　(b)

图 3-1-9　整体和局部宽相等

（3）方位关系

物体有上、下、左、右、前、后六种方位，见图 3-1-8（c）所示。

主视图反映物体的上、下和左、右关系；

俯视图反映物体的左、右和前、后关系；

左视图反映物体的上、下和前、后关系。

由图 3-1-8 和图 3-1-9 可知，俯、左视图远离主视图的一侧（外边），均表示物体的前面。

三、三视图的作图方法和步骤

先分析物体的形状，选择反映物体形状特征最明显的方向作为主视图的投射方向［如图 3-1-10（a）中箭头 A 所指的方向］，将物体的位置摆正（使其主要表面与投影面平行），并确定图纸幅面和绘图比例。

作图时，先画出三个视图的作图基准线，从主视图入手，根据"长对正、高平齐、宽相等"的投影规律，依次画出各部分的视图，作图步骤如图 3-1-10（b）～（e）所示。

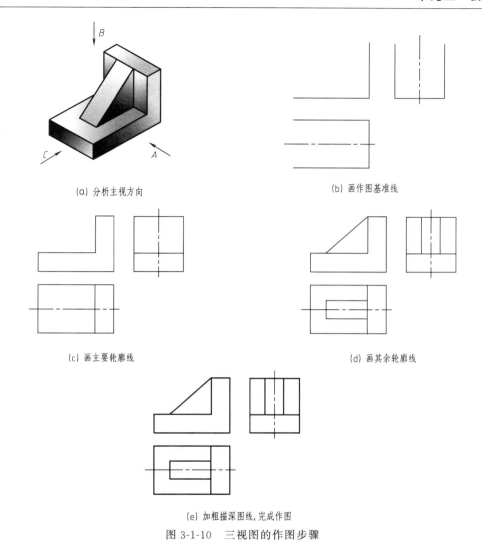

(a) 分析主视方向　　　　　　　(b) 画作图基准线

(c) 画主要轮廓线　　　　　　　(d) 画其余轮廓线

(e) 加粗描深图线,完成作图

图 3-1-10　三视图的作图步骤

任务一指导

一、作图步骤

1. 选择主视图

摆正物体,尽量使多个表面平行或垂直于投影面;选择主视方向,使主视图能反映物体各部分的形状和相对位置。图 3-1-11(a) 中,以箭头方向作为主视方向较好。

2. 画基准线

定出长、宽、高三个方向的作图基准,在三视图中将它们画出,如图 3-1-11(b) 所示。

3. 画底稿

可先画主视图,画图时应先画出垂直于投影面的各面(积聚为线);其次画出平行于投影面的各面(投影为实形);最后检查倾斜表面是否画完整(投影具有类似性),如图 3-1-11(c) 所示。俯视图和左视图画法与主视图类似,注意各视图间总体和局部尺寸要保持"长对正,高平齐,宽相等"的关系。如图 3-1-11(d)、(e) 所示。

4. 检查修改、擦去多余图线,描深图形

描深图形应按国家标准规定的线型进行。注意要画好对称中心线，不得擦去，如图 3-1-11(f) 所示。

二、注意事项

① 画图之前应合理布图，不要将图纸四等分，应根据模型各方向的尺寸大小布图。

② 俯视图与左视图间总体和局部都应保持"宽相等"的关系。

③ 尽量学会使用分规保证俯视图与左视图间"宽相等"的关系。

④ 不要急于描深图线，应检查无误后再描图，以免修改影响图面质量。

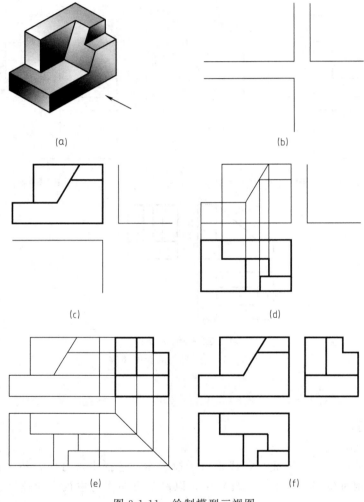

(a)   (b)

(c)   (d)

(e)   (f)

图 3-1-11 绘制模型三视图

任务二 点和直线投影的综合运用

任务描述

① 根据图 3-2-1(a) 所示管路画出三面投影图。

② 根据图 3-2-1(b) 所示管路的三面投影图判定管路各段的空间走向。

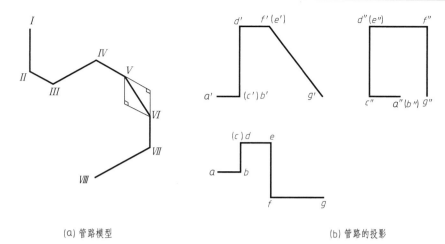

(a) 管路模型　　　　　　　　　　　　(b) 管路的投影

图 3-2-1　管路的模型及投影

任务分析

　　图 3-2-1 都是由点和直线构成的管道的抽象模型，其中图 3-2-1(a) 给出的任务是绘制管道的三面投影，图 3-2-1(b) 任务则是读懂管道的三面投影图。要完成这两个任务，都必须掌握点和直线的投影规律，并能正确判断直线的空间位置。

相关知识

- ● 点的投影
- ● 直线的投影
- ● 平面的投影 *

　　构成立体的基本几何要素是点、线、面。如图 3-2-2 所示的正三棱锥，由棱面△SAB、△SBC、△SCA 及底面△ABC 所围成，各表面交于棱线 SA、SB…，各棱线交于顶点 A、B、C、S。要绘制出三棱锥的三视图，先应画出这些顶点，再将各顶点连线，得到各表面的三面投影，从而得出三棱锥的三视图。因此，要画出物体的三视图，首先必须掌握点、线、面的投影规律。

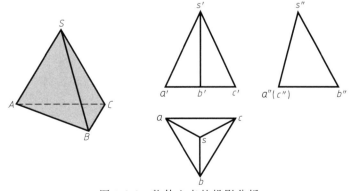

图 3-2-2　物体上点的投影分析

一、点的投影

1. 点的三面投影

如图 3-2-3(a) 所示，由点 S 分别向三个投影面作垂线，垂足 s、s'、s'' 就是点 S 的三面投影。将投影面按图 3-2-3(b) 所示的箭头方向展开，即得到点 S 的三面投影图，如图3-2-3(c) 所示。

图 3-2-3　点的三面投影

规定空间点用大写字母表示，如 A、B、$S\cdots$；点在 H 面上的投影用相应小写字母表示，如 a、b、$s\cdots$；点在 V 面上的投影表示为 a'、b'、$s'\cdots$；点在 W 面上的投影表示为 a''、b''、$s''\cdots$。

根据点的三面投影图的形成过程，可得出点的投影规律：

点的正面投影和水平投影的连线垂直于 OX 轴，即 $ss'\perp OX$；

点的正面投影和侧面投影的连线垂直于 OZ 轴，即 $s's''\perp OZ$；

点的水平投影到 OX 轴的距离等于点的侧面投影到 OZ 轴的距离，即 $ss_X = s''s_Z$。

点的投影规律仍然反映了三视图"长对正、高平齐、宽相等"的投影规律。

2. 点的投影和直角坐标的关系

将投影轴当作坐标轴，三个投影轴的交点 O 为坐标原点，点的空间位置可用直角坐标来表示。由图 3-2-4 可以看出：

点的 X 坐标 $Oa_X = a'a_Z = aa_Y$，反映空间点到 W 面的距离；

点的 Y 坐标 $Oa_Y = aa_X = a''a_Z$，反映点到 V 面的距离；

点的 Z 坐标 $Oa_Z = a'a_X = a''a_Y$，反映点到 H 面的距离。

图 3-2-4　点的空间位置与直角坐标

点的坐标的书写形式为 $A(x, y, z)$，如 $A(10, 15, 20)$。

点的坐标值可以直接从点的三面投影中量得；反之，由所给定点的坐标值，按点的投影规律可画出其三面投影图。

【例题 1】已知点 $A(15, 12, 20)$，求 A 点的三面投影图。

作图步骤如图 3-2-5 所示。

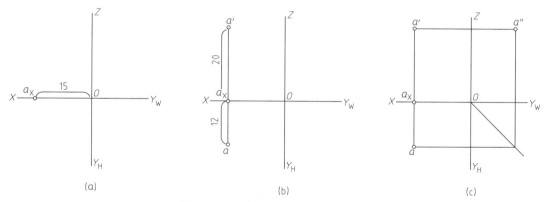

图 3-2-5 已知点的坐标求作投影图

① 画投影轴 OX、OY_H、OY_W、OZ。

② 在 OX 轴上量取 $Oa_X = 15$，如图 3-2-5(a) 所示。

③ 过 a_X 作 OX 轴的垂线，并量取 $a'a_X = 20$，$aa_X = 12$，如图 3-2-5(b) 所示。

④ 过 a 作 OX 轴的平行线与 $\angle Y_WOY_H$ 的角平分线相交，过交点作 OY_W 轴的垂线，与过 a' 所作的 OZ 轴垂线相交于 a''，如图 3-2-5(c) 所示。

【例题 2】 已知点 B 的两面投影 b'、b''，如图 3-2-6(a) 所示，求作水平投影。

作图步骤如图 3-2-6(b)、(c) 所示。

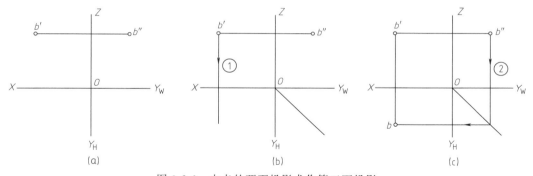

图 3-2-6 由点的两面投影求作第三面投影

3. 两点的相对位置

空间两点的相对位置，可比较两点的坐标值来确定。如图 3-2-7 所示。

图 3-2-7 两点的相对位置

X 坐标值反映点的左、右位置，X 坐标值大者在左，故 A 点在 B 点的左边；

Y 坐标值反映点的前、后位置，Y 坐标值大者在前，故 A 点在 B 点的后面；

Z 坐标值反映点的上、下位置，Z 坐标值大者在上，故 A 点在 B 点的下方。

在图 3-2-8 所示 E、F 两点的投影中，E 点在 F 点的正前方，e' 和 f' 重合。对 V 面来说，E 可见，F 不可见。在投影图中，对不可见的点的投影，加圆括号表示。如 F 的 V 面投影表示为 (f')。

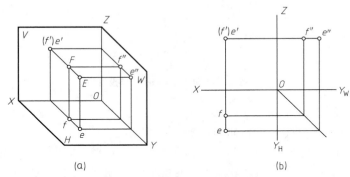

图 3-2-8 重影点可见性的判别

【例题 3】 已知空间点 A 的三面投影，B 点在 A 点的右方 7，前方 5，下方 6。求作 B 点的三面投影。

作图步骤如图 3-2-9 所示。

① 在 X 轴上，从 a_X 向右量取 7 得 b_X；在 Y 轴上，从 a_{YH} 向前量取 5 得 b_{YH}；在 Z 轴上，从 a_Z 向下量取 6 得 b_Z。

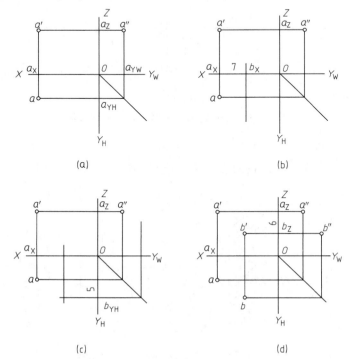

图 3-2-9 根据两点相对位置求点的投影

② 分别过 b_X、b_{YH}、b_Z 作 OX、OY、OZ 轴的垂线，得 b、b'。

③ 根据 b、b'，求得 b''。

二、直线的投影

1. 直线的三面投影

① 直线的投影一般仍为直线，图 3-2-10（a）所示。

② 直线的投影可由直线上两点的同面投影来确定。图 3-2-10（b）为线段的两端点 A、B 的三面投影，连接 ab、$a'b'$ 和 $a''b''$，就是直线 AB 的三面投影，如图 3-2-10（c）所示。

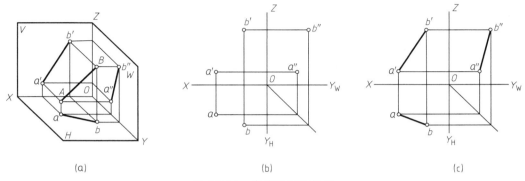

图 3-2-10　直线的三面投影

2. 直线上点的投影特性

直线上点的投影必在该直线的同面投影上，且符合点的投影规律。反之，若点的各投影均在直线的同面投影上，且符合点的投影规律，则点必在该直线上。直线上的点分割直线之比在其投影中保持不变，如图 3-2-11 所示，点 K 在直线 AB 上，则 $AK:KB=ak:kb=a'k':k'b'=a''k'':k''b''$。

图 3-2-11　属于直线的点的投影

3. 各种位置直线的投影

直线按空间位置分为三类：投影面平行线、投影面垂直线和一般位置直线。前两种又称为特殊位置直线。

（1）投影面平行线

平行于一个投影面，与另外两个投影面倾斜的直线，称为投影面平行线。

正平线　平行于 V 面并与 H、W 面倾斜的直线；

水平线　平行于 H 面并与 V、W 面倾斜的直线；

侧平线　平行于 W 面并与 H、V 面倾斜的直线。

投影面平行线的投影特性见表 3-2-1。

表 3-2-1　投影面平行线

名称	正平线(// V 面,对 H、W 面倾斜)	水平线(// H 面,对 V、W 面倾斜)	侧平线(// W 面,对 H、V 面倾斜)
轴测图			
投影图			
投影特性	1. 正面投影 $c'd'=CD$ 2. 水平投影 cd // OX,侧面投影 $c''d''$ // OZ,都不反映实长	1. 水平投影 $ab=AB$ 2. 正面投影 $a'b'$ // OX,侧面投影 $a''b''$ // OY_W,都不反映实长	1. 侧面投影 $e''f''=EF$ 2. 水平投影 ef // OY_H,正面投影 $e'f'$ // OZ,都不反映实长
	小结:(1)在所平行的投影面上的投影反映实长 (2)其他两个投影平行于相应的投影轴,且不反映实长		

（2）投影面垂直线

垂直于一个投影面,与另外两个投影面平行的直线,称为投影面垂直线。

正垂线　垂直于 V 面并与 H、W 面平行的直线;

铅垂线　垂直于 H 面并与 V、W 面平行的直线;

侧垂线　垂直于 W 面并与 H、V 面平行的直线。

投影面垂直线的投影特性见表 3-2-2。

（3）一般位置直线

与三个投影面都倾斜的直线,称为一般位置直线。如图 3-2-11 所示的直线 AB 即为一般位置直线。一般位置直线的投影特性为:

三个投影都倾斜于投影轴,且长度均小于实长。

【例题 4】　分析如图 3-2-12 所示的正三棱锥各棱线与投影面的相对位置。

① 棱线 SB。sb // OY_H,$s'b'$ // OZ,所以 SB 为侧平线,$s''b''$ 反映实长,如图 3-2-12（b）所示。

② 棱线 AC。因侧面投影 $a''(c'')$ 重影,所以 AC 为侧垂线,$a'c'=ac$,并反映实长,如图 3-2-12（c）所示。

③ 棱线 SA。因三个投影 sa、$s'a'$、$s''a''$ 均倾斜于投影轴,所以是一般位置直线,如图 3-2-12（d）所示。

表 3-2-2　投影面垂直线

名称	正垂线（⊥V 面，∥H 和 W）	铅垂线（⊥H 面，∥V 和 W）	侧垂线（⊥W 面，∥H 和 V）
轴测图			
投影图			
投影特性	1. 正面投影 $c'(d')$ 成一点，有积聚性 2. $cd = c''d'' = CD$，且 $cd \perp OX$，$c''d'' \perp OZ$	1. 水平投影 $a(b)$ 成一点，有积聚性 2. $a'b' = a''b'' = AB$，且 $a'b' \perp OX$，$a''b'' \perp OY_W$	1. 侧面投影 $e''(f'')$ 成一点，有积聚性 2. $ef = e'f' = EF$，且 $ef \perp OY_H$，$e'f' \perp OZ$
	小结：(1)直线在所垂直的投影面上积聚为一点 (2)其他两面投影皆反映实长，且分别垂直于相应的投影轴		

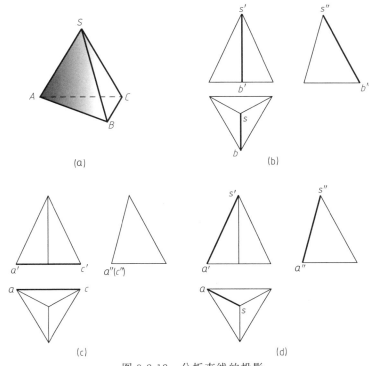

(a)　(b)

(c)　(d)

图 3-2-12　分析直线的投影

【例题5】 分析图 3-2-13 所示各段管道的空间走向。

该图表示的是用水泵将水槽的水打入设备顶部的装置，可将管道分为水泵的进水与出水两部分。

进水部分：管道 AB 的水平投影积聚为一点 $(b)a$，故垂直于水平投影面（铅垂线）。管道 BC 的侧面投影积聚为一点 $b''(c'')$，所以垂直于侧投影面（侧垂线）。同理，可分析出管道 CD 垂直于正投影面。

出水部分：管道 EF 的水平投影积聚为一点 $(e)f$，故垂直于水平投影面（铅垂线）。管道 GH 的正面投影 $g'h'$ 倾斜于投影轴，其他两投影 $gh /\!/ OX$，$g''h'' /\!/ OZ$，故平行于正投影面（正平线）。其余几段读者自行分析。

图 3-2-13 管道投影分析

*三、平面的投影

平面按空间位置分为三类：投影面平行面、投影面垂直面和一般位置平面。前两种又称为特殊位置平面。

1. 投影面平行面

平行于一个投影面，与另外两个投影面垂直的平面，称为投影面平行面。

正平面 平行于 V 面并与 H、W 面垂直的平面；

水平面 平行于 H 面并与 V、W 面垂直的平面；

侧平面 平行于 W 面并与 H、V 面垂直的平面。

投影面平行面的投影特性见表 3-2-3。

2. 投影面垂直面

垂直于一个投影面，与另外两个投影面倾斜的平面，称为投影面垂直面。

正垂面 垂直于 V 面并与 H、W 面倾斜的平面；

铅垂面 垂直于 H 面并与 V、W 面倾斜的平面；

侧垂面 垂直于 W 面并与 H、V 面倾斜的平面。

投影面垂直面的投影特性见表 3-2-4。

表 3-2-3　投影面平行面

名称	正平面(∥V 面)	水平面(∥H 面)	侧平面(∥W 面)
轴测图			
投影图			
投影特性	1. 正面投影反映实形 2. 水平投影积聚为直线并平行于 OX 轴 3. 侧面投影积聚为直线且平行于 OZ 轴	1. 水平投影反映实形 2. 正面投影和侧面投影积聚为直线并垂直于 OZ 轴	1. 侧面投影反映实形 2. 水平投影积聚为直线并平行于 OY_H 轴 3. 正面投影积聚为直线并平行于 OZ 轴

表 3-2-4　投影面垂直面

名称	正垂面(⊥V 面)	铅垂面(⊥H 面)	侧垂面(⊥W 面)
轴测图			
投影图			
投影特性	1. 正面投影积聚为直线段 2. 水平和侧面投影为类似形	1. 水平投影积聚为直线段 2. 正面和侧面投影为类似形	1. 侧面投影积聚为直线段 2. 水平和正面投影为类似形

3. 一般位置平面

倾斜于三个投影面的平面称为一般位置平面，如图 3-2-14 所示。

由于一般位置平面对三个投影面都倾斜，所以它的三面投影都是缩小了的类似图形。

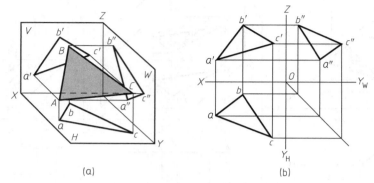

(a)　　　　　　　　　(b)

图 3-2-14　一般位置平面的投影

4. 平面上的点和直线

点和直线在平面上的几何条件是：

① 若点在平面内的一条直线上，则该点必在该平面上；

② 若直线通过平面上的两个点，或通过平面上的一个点，且平行于属于该平面的任一直线，则直线在该平面上。

【**例题 6**】　如图 3-2-15（a）所示，已知△ABC 和点 E 的两面投影，判定 E 点是否在△ABC 上。

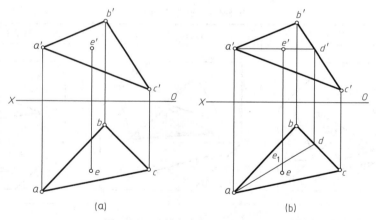

(a)　　　　　　　　　(b)

图 3-2-15　判定点是否属于平面

分析　若 E 点属于△ABC 平面，过 E 点作一条属于△ABC 平面的直线，则 E 的两个投影必属于相应直线的同面投影。否则，E 点不在△ABC 平面上。

作图如图 3-2-15（b）所示。

① 连接 $a'e'$ 并延长，与 $b'c'$ 交于 d'。

② 过 d' 作 OX 轴的垂线与 bc 相交，其交点即为 D 点的水平投影 d，连接 ad。

③ 过 e' 作 OX 轴的垂线与 ad 相交，其交点 e_1 应为 E 点的水平投影。

④ 由于给出的 E 点的水平投影 e 与上述交点 e_1 不重合，故可判定 E 点不在△ABC 平面上。

任务二指导

一、绘图

① 把管路抽象为直线后，为了不遗漏管道，可用数字或字母标出每一段管道，然后逐段分析它们的空间位置，绘出投影图。

② 画图时要结合直线的投影特点进行，如图 3-2-1(a) 中 VI V 为侧平线，其侧面投影为反映实长的斜线，水平和正面投影平行于投影轴（即方向水平或竖直）。

③ 绘制完成后，应按各管段编号顺序检查是否都投影完整，特别要注意具有积聚性的投影。

④ 图 3-2-1(a) 所示的管道的三面投影如图 3-2-16 所示。

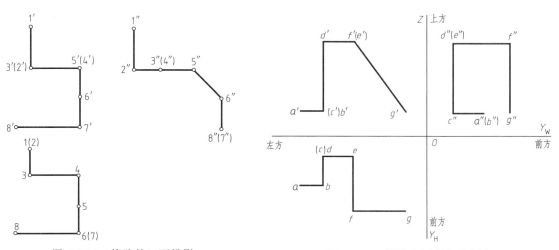

图 3-2-16　管路的三面投影　　　　　　　图 3-2-17　管路空间走向的判定

二、注意事项

① 画完管道的投影图后，可数一下投影上的直线段数量与管路中的是否相同，如果不同，应检查未见的管道段是否积聚成了点。

② 判断管道空间走向时，可先在图中画出投影轴，然后参照投影轴判定管道空间走向。如图 3-2-1(b) 所示的管道，参照图 3-2-17 所示的投影轴，可判定管道走向是：从 A 起向右至 B→向后至 C→向上至 D→向右至 E→向前至 F→向右下方至 G。

单元四　基本体和组合体

任务一　认识基本体、制作组合体

任务描述

① 用橡皮泥制作图 4-1-1 所示五种简单物体，并类似图 4-1-2 随意拼合几个更复杂的物体。

图 4-1-1　五种简单形体　　　　　　　　　图 4-1-2　简单形体的组合

② 从三个相互垂直的不同角度观察上述 5 种简单物体的形状，使观察到的形状最简单，画出它们的三视图，并记住三视图的特点。

③ 观察拼合物体上两简单物体连接之处的交线情况。

④ 用刀片将圆柱、圆锥和球从不同角度切割开，观察表面切得的曲线情况。

任务分析

任何复杂的物体都可以看成是由一些简单的形体构成的。要能快捷地绘制和阅读复杂物体的三视图，必须首先掌握这些简单形体的三视图特点。同时，还应能分析两个简单形体相交后表面的变化情况（相贯线的情况），以及简单形体被切割后切口的变化（截交线的情况）规律。

相关知识

● 基本概念与分析形体的方法
● 基本体的三视图
● 组合体的组合形式及表面连接关系

一、基本概念与分析形体的方法

1. 基本体与组合体

基本体　指棱柱、棱锥、圆柱、圆锥、球和圆环等简单立体，如图 4-1-1 所示。

组合体　由基本体经切割或叠加所组成的复杂物体，如图 4-1-2 所示。

2. 相贯线与截交线

相贯线　指两形体相交后产生的表面交线，如图 4-1-3（a）所示。

截交线　指平面截切形体后所产生的交线，如图 4-1-3（b）所示。

(a) 相贯线　　　　　　　　　(b) 截交线

图 4-1-3　相贯线和截交线

3. 形体分析法

将物体分解成若干个基本形体，并搞清它们之间的相对位置、组合形式以及表面连接关系，这种分析方法称为形体分析法。形体分析法是绘制和识读组合体三视图的主要方法。

如图 4-1-4（a）所示的物体，通过分析可看成是由两个长方体和一个半圆柱叠加后经挖切而成的，如图 4-1-4（b）所示。

(a)　　　　　　　　　(b)

图 4-1-4　形体分析

二、常见基本体的三视图

基本体分为平面立体和曲面立体。

平面立体　表面全为平面的立体。如棱柱、棱锥等。

曲面立体　主要表面为曲面的立体。当其主要表面为回转面时，又称为回转体，如圆柱、圆锥、圆球等。

1. 平面立体

（1）棱柱

常见的棱柱有三棱柱、四棱柱、五棱柱、六棱柱等。

① 投影分析。棱柱由相互平行的两个特征面和与特征面垂直的若干侧面围成。如图 4-1-5（a）所示为正六棱柱，水平放置的两个特征面为正六边形，三视图如图 4-1-5（b）所示。俯视图中的正六边形为两个特征面的重合投影，反映实形；六个侧面的投影积聚成直线，与六边形的边重合；六条直立棱线的投影积聚在六边形的顶点上。两个特征面在主视图和左视图中都积聚为水平直线，各侧面投影成矩形，所以主视图和左视图都是矩形（中间的直线为棱线）。

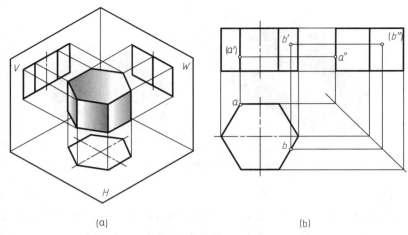

图 4-1-5　正六棱柱的三视图

棱柱的三视图特点：有两个视图为矩形，另一个视图为反映特征面实形的多边形。

② 作图。画棱柱的三视图时，先画出特征面的投影（反映实形，注意特征面平行于哪个投影面），再根据投影规律作出其余两个投影。如图 4-1-5（b）所示的正六棱柱，特征面平行于 H 面，其俯视图反映实形（正六边形），其他的两个视图为矩形。

③ 棱柱体表面上的点。在立体表面上取点时，必须首先确定该点是在平面立体的哪一个表面上。在求立体表面上点的投影时，应先分析该点所在立体表面的投影特性，然后再根据点的投影规律求出点的投影。

如图 4-1-5 所示，A、B 为正六棱柱表面上的点，若已知它们的正面投影（a'）、b'，求两点的水平投影和侧面投影。

首先应搞清楚两点在六棱柱表面的具体位置。由（a'）可知，A 点位于六棱柱的左后方棱线上，该棱线为铅垂线，可根据点的投影规律，直接在该棱线的相应投影上求得 a 和 a''。b' 可见，故 B 点位于六棱柱右前方侧棱面上，该面为铅垂面。按 $b'b \perp OX$，可先在俯视图中右前方侧棱面的积聚线上求得 B 点的水平投影 b，再由 b'、b 求得（b''）。

（2）棱锥

棱锥由一底和若干个三角形侧面围成，侧面汇交于一点（称为顶点）。常见的棱锥有三棱锥、四棱锥、五棱锥等。下面以图 4-1-6 所示的正三棱锥为例，分析其投影特性和作图方法。

① 投影分析。图 4-1-6 所示的三棱锥的底面△ABC 平行于水平投影面，水平投影反映实形。其正面投影和侧面投影分别积聚成一直线。棱面△SAB 为侧垂面，因此侧面投影积聚为直线。棱面△SAC 和△SBC 为一般位置平面，它们的三面投影均为类似形。

棱线 SC 为侧平线，棱线 SA、SB 为一般位置直线，棱线 AB 为侧垂线，棱线 AC、BC 为水平线。

棱锥的三视图特点是：有两个视图为三角形，另一个视图为反映底面实形的多边形，该多边形中有一点，与各角点有直线连接。

② 作图。画正三棱锥的三视图时，先画出底面△ABC 的各个投影，再画锥顶 S 的各个投影，连接各棱线的同面投影即为正三棱锥的三视图，如图 4-1-6 所示。

③ 棱锥表面上的点。组成棱锥体的表面有特殊位置平面，也有一般位置平面。特殊位

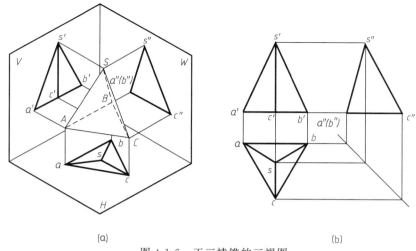

(a)   (b)

图 4-1-6   正三棱锥的三视图

置平面上点的投影，可利用该平面投影的积聚性直接作图。一般位置平面上点的投影，则通过在平面上作辅助线的方法求得。

如图 4-1-7(a) 所示，已知三棱锥表面上点 M 的正面投影 m' 和点 N 的水平投影 n，求点 M、N 的其余投影。

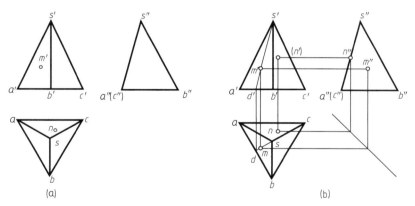

(a)   (b)

图 4-1-7   三棱锥表面上的点

由于 m' 可见，因此可判定点 M 在棱面△SAB 上，△SAB 是一般位置平面，其投影可通过作辅助线的方法求得：过 m' 作 $s'd'$，求出辅助线的水平投影 sd，然后根据直线上点的投影特性，求出其水平投影 m，再由 m'、m 求出侧面投影 m''，如图 4-1-7(b) 所示。

由于 n 可见，因此可判定点 N 在棱面△SAC 上，因棱面△SAC 是侧垂面，它的侧面投影 $s''a''$ (c'') 积聚为直线，因此 n'' 必在 $s''a''$ (c'') 上，可直接由 n 作出 n''，再由 n'' 和 n 作出 (n')，如图 4-1-7(b) 所示。

2. 回转体

由一条母线（直线或曲线）绕一直线（轴线）回转而形成的表面，称为回转面。由回转面或回转面与平面所围成的立体称为回转体。

常见的回转体有圆柱、圆锥、圆球等，下面分别加以介绍。

(1) 圆柱

图 4-1-8 圆柱
面的形成

① 圆柱面的形成。如图 4-1-8 所示，圆柱面是由一条直母线绕与之平行的轴线 OO_1 回转而成的。OO_1 称为轴线，直线 AB 称为母线，母线转至任一位置时称为素线（如 $A'B'$）。

② 投影分析。如图 4-1-9 所示，当圆柱轴线垂直于水平面时，圆柱上、下端面的水平投影反映实形，正面和侧面投影积聚成直线。圆柱面的水平投影积聚为一圆，与两端面的水平投影重合。在正面投影中，前、后两半圆柱面的投影重合为矩形，矩形的两条竖线是圆柱面前、后分界的转向轮廓线，也是圆柱面最左素线（AA_1）和最右素线（BB_1）的投影。在侧面投影中，左、右两半圆柱面的投影重合为矩形，矩形的两条竖线为圆柱面左、右分界的转向轮廓线，也是圆柱面最前、最后素线的投影。

圆柱三视图的特点是：有一个视图为圆，其他两个视图为大小相等的矩形。

③ 作图方法。先画圆柱体各投影的中心线，再画形状为圆的投影，然后根据圆柱体的两圆底间距和投影关系画出形状为矩形的其他两投影，如图 4-1-9（b）所示。

(a)   (b)

图 4-1-9   圆柱的三视图

④ 圆柱表面上点的投影。如图 4-1-10 所示，已知圆柱面上点 M 的正面投影 m'，点 N 的侧面投影 n''，画出它们的另外两个投影。

因为圆柱面的水平投影积聚为圆，可按投影直接作出 m，由于 m' 可见，则点 M 在前半

图 4-1-10   圆柱表面上的点

图 4-1-11   圆锥面的形成

圆柱面上，故 m 必在水平投影圆的前半圆周上。由 m、m' 可作出 m''，由于点 M 在左半圆柱面上，所以 m'' 可见。

(n'') 不可见，又与轴线的投影重合，故 N 点在圆柱的右素线上，可直接按点的投影规律作出 n' 和 n。

（2）圆锥

① 圆锥面的形成。如图 4-1-11 所示，圆锥面可看作由一条直母线 SA 围绕着和它相交的轴线回转而成。

② 圆锥的投影分析。圆锥由圆锥面和圆底面围成，如图 4-1-12 所示。底面水平放置时，其水平投影为圆（实形），正面和侧面投影积聚成直线。圆锥面的水平投影与底面的水平投影重合，全部可见。正面投影为一等腰三角形，两腰分别是圆锥最左、最右素线的投影，也是圆锥面前、后分界的转向轮廓线。圆锥的侧面投影也是一等腰三角形，两腰分别是圆锥最前、最后素线的投影，也是圆锥面左、右分界的转向轮廓线。

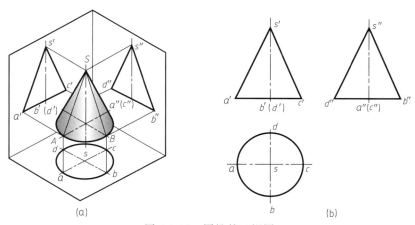

图 4-1-12　圆锥的三视图

圆锥三视图的特点是：有一个视图为圆，其他两个视图为大小相等的等腰三角形。

③ 作图方法。先画出各投影的中心线，再画出形状为圆的投影，按锥顶到底面的距离以及投影关系画出形状为三角形的另外两投影，如图 4-1-12 所示。

④ 圆锥表面上点的投影。如图 4-1-13 所示，已知属于圆锥面的点 M 的正面投影 m'，求 m 和 m''。

(a) 辅助素线和辅助圆　　　　(b) 辅助素线法　　　　(c) 辅助圆法

图 4-1-13　圆锥面上点的投影

根据 M 点的位置和可见性，可判定点 M 在左、前半圆锥面上，因此，M 点的三面投影均为可见。由于圆锥面的投影没有积聚性，因此采用辅助素线或辅助圆的方法作图，如图 4-1-13(a) 所示。

a. 辅助素线法。连接 SM 并延长交底圆于 A，先求出直线 SA 的投影，再利用点在直线上的投影特性作图。

如图 4-1-13(b) 所示，连接 $s'm'$ 并延长交底圆于 a'，过 a' 作垂线交底圆于 a，求出 sa。根据点属于直线的投影规律及点的投影规律，求出 m 和 m''。

b. 辅助圆法。过点 M 在圆锥面上作垂直于圆锥轴线的水平辅助圆（该圆的正面、侧面投影均积聚为一直线），即过 m' 作水平直线 $a'b'$，$a'b'$ 为一直径等于 $a'b'$ 的水平圆的正面投影，如图 4-1-13(c) 所示，其圆心为 s，由 m' 作 OX 轴的垂线，与辅助圆的交点即为 m。再根据 m' 和 m，求出 m''。

（3）圆球

① 球面的形成。球面可看作一半圆（母线）围绕它的直径回转而成。

② 投影分析。圆球的三面投影都是与圆球直径相等的圆，主视图上的圆（A）为前后半球分界圆，俯视图上的圆（C）为上下半球分界圆，左视图上的圆（B）为左右半球分界圆。

③ 作图方法。先画出各投影的中心线，再画三个直径相等的圆。

④ 球面上点的投影。求作球面上点的投影只能采用辅助圆法。

如图 4-1-14(b) 所示，已知球面上点 M 的正面投影 m'，求作 m、m''。

过 M 点作平行于水平投影面的圆求解。根据 m' 的位置结合其可见性，可判定点 M 在圆球的左、前、上方。作图步骤是：过 m' 作水平圆的正面投影 $1'2'$，再以 $1'2'$ 为直径作水平圆，则 m 点必在前半圆周上。由 m'、m 可求出 m''（注意投影的可见性）。

若所求点位于 A、B、C 三个半球分界圆上，不必作辅助圆，可直接利用分界圆的投影求出。

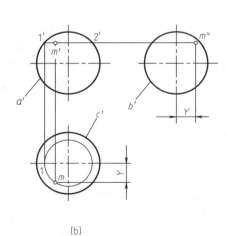

(a)   (b)

图 4-1-14　球面上点的投影

3. 基本体的尺寸标注

基本体的尺寸一般可按下列方法标注。

① 平面立体一般标注长、宽、高三个方向的尺寸。

② 正棱柱和正棱锥，除标注高度尺寸外，还应注出其底的外接圆直径，也可根据需要注成其他形式。

③ 圆柱和圆锥（或圆台）应注出底圆直径和高度。

④ 圆柱、圆锥（或圆台）在直径尺寸前加注"ϕ"，圆球在直径前加注"$S\phi$"。

常见基本体尺寸标注示例如图 4-1-15 所示。

图 4-1-15　基本体的尺寸标注

三、组合体的组合形式及表面连接关系

（一）组合体的组合形式

组合体的组合形式有叠加和切割两种基本形式，常见的是这两种形式的综合，图 4-1-4 所示的物体就属于综合型组合体。

1. 切割型组合体

切割型组合体是在一个或几个基本体上进行平面或曲面挖切而形成的。分析这类组合体，应能正确理解并画出切割后形体表面产生的截交线。

（1）平面立体的切割

【例题 1】　如图 4-1-16 所示，三棱锥被正垂面切割，求作三视图。

三棱锥被正垂面 P 切割，平面 P 与三条棱线 SA、SB、SC 分别交于 D、E、F 点，截交线构成一个三角形，如图 4-1-16(a) 所示。

如图 4-1-16(b) 所示，$\triangle DEF$ 的正面投影积聚为一条直线，可得 d'、e'、f'，利用直线上点的投影特性，可求得 D、E、F 的另外两个投影，顺次连接各点的同面投影，即可求得截交线的投影。

【例题 2】　如图 4-1-17 所示，画出开槽四棱柱的三视图。

从图 4-1-17(a) 可以看出，开槽四棱柱的缺口由两个侧平面和一个水平面形成，它们分别与棱面相交，前面两棱面上的交线分别是 $I-II$、$II-III$、$III-IV$ 和 $IV-V$，其中 $II-$

(a)　　　　　　　　　　　　　　　　(b)

图 4-1-16　三棱锥被正垂面切割的三视图作图步骤

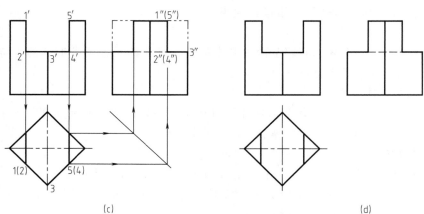

(a)　　　　　　　　　　　　　　　　(b)

(c)　　　　　　　　　　　　　　　　(d)

图 4-1-17　开槽四棱柱的三视图作图步骤

Ⅲ、Ⅲ—Ⅳ为水平线，Ⅰ—Ⅱ、Ⅳ—Ⅴ为铅垂线。后面交线与前面对称。它们的正面投影分别积聚在截平面的积聚投影上，水平投影与四个棱面的积聚投影重合，作图方法如图 4-1-17(c) 所示。

（2）回转体的切割

① 切割圆柱。根据截平面与圆柱轴线相对位置的不同，圆柱的截交线有三种情况，见

表 4-1-1。

表 4-1-1　切割圆柱

截平面位置	平行于轴线	垂直于轴线	倾斜于轴线
截交线形状	矩形	圆	椭圆
轴测图			
投影图			

【例题 3】　开槽圆柱如图 4-1-18(a) 所示，已知其主视图，完成俯、左视图。

圆柱被两个侧平面和一个水平面切出一直槽，槽的两个侧面为形状相同的矩形，底面由两段圆弧和两条直线围成，两直线为槽底面与侧面的交线（正垂线），如图 4-1-18(b) 所示。

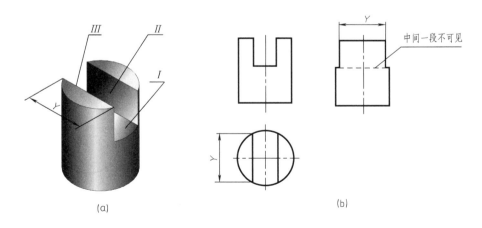

(a)　　　　　　　　　　(b)

图 4-1-18　开槽圆柱

② 切割圆锥。切割圆锥有五种情况，见表 4-1-2。

【例题 4】　如图 4-1-19(a) 所示，圆锥被两个平面截切，画出其三视图。

圆锥被水平面 I 和正垂面 II 截切，I 截切后截面形状为圆，II 自圆锥顶点截切，其截面形状为三角形，两截面相交得直线 AB，如图 4-1-19(b) 所示。

表 4-1-2 切割圆锥

截平面位置	垂直于轴线	平行于轴线	倾斜于轴线	倾斜于轴线且平行于轮廓素线	过锥顶
截交线形状	圆	双曲线	椭圆	抛物线	三角形
轴测图					
投影图					

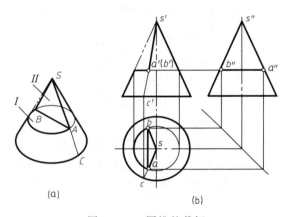

(a)　　　　　　　　　(b)

图 4-1-19　圆锥的截切

③ 切割球。球被任意位置的截平面截切，其截交线均为圆，直径的大小取决于截平面距球心的距离，如图 4-1-20 所示。

【例题 5】　如图 4-1-21 所示，已知开槽半球的主视图，求作俯、左视图。

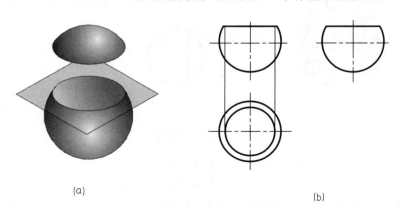

(a)　　　　　　　　　　　(b)

图 4-1-20　切割球

这是一个球的多面切割问题。如图所示，半球被三个截平面截切，左右对称的两个侧平面切球面各得一段圆弧，水平面切球面得两段圆弧，三个截断面产生了两条交线，均为正垂线，如图 4-1-21 所示。

图 4-1-21　开槽半球的三视图

2. 叠加型组合体

叠加型组合体由几个形体叠加而成，如图 4-1-22 所示。几个形体叠加后，属于不同形体的两个表面往往相交，这时习惯上称为相贯，产生的交线称为相贯线，如图 4-1-22（a）所示。

两圆柱正交时相贯线的投影接近圆弧，这种相贯情况在零件上经常出现，为了简化作图，可用圆弧来代替相贯线的投影。

作图方法是：用大圆柱的半径过 $1'$、$2'$ 两交点画弧（圆弧向大圆柱轴线方向弯曲），即得相贯线的近似投影，如图 4-1-22（b）所示。

图 4-1-22　两圆柱正交的相贯线近似画法

图 4-1-23 是两圆柱面正交时相贯的几种常见情况。图 4-1-23（a）为外表面相交；图 4-1-23（b）为内、外表面相交；图 4-1-23（c）为内表面相交。

相贯线有下面几种常见的特殊情况。

(a) 外表面相交　　　　　(b) 内、外表面相交　　　　　(c) 内表面相交

图 4-1-23　两圆柱面正交的三种情况

（1）相贯线为圆

同轴的两个回转体相交，相贯线为圆。相贯线在与公共轴线平行的投影面上的投影为直线，如图 4-1-24 所示。

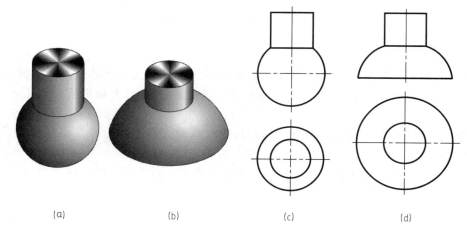

(a)　　　　　(b)　　　　　(c)　　　　　(d)

图 4-1-24　相贯线为圆

（2）相贯线为椭圆

轴线相交的两个等径圆柱相贯，其相贯线为椭圆。在与两轴线平行的投影面内，相贯线积聚为直线，如图 4-1-25 所示。

(a)　　　　　　　　　　　　　(b)

图 4-1-25　相贯线为椭圆

（二）组合体中表面的连接关系

组合体中两形体表面的连接关系有以下几种。

（1）平齐或不平齐

两基本形体的表面平齐时，两形体间不应该画线。当两基本形体的表面不平齐时，两形体间应有线隔开，如图 4-1-26 所示。

(a) 平齐　　　　　　　　　(b) 不平齐

图 4-1-26　两面平齐和不平齐

（2）相切

当两形体的表面相切时，在相切处二面光滑过渡，不存在分界轮廓线，如图 4-1-27 所示。

（3）相交

当两形体的表面相交时，在相交处必产生交线，此交线必须画出，如图 4-1-28 所示。

图 4-1-27　两面相切

图 4-1-28　两面相交

任务一指导

① 准备足够的橡皮泥，一把小刀。

② 制作模型时应先易后难，先作基本体，后作组合体。

③ 应从三视图角度观察基本体不同方向的形状，理解各基本体三视图的特点。特别要试着改变柱或锥的底面方向，观察它们的三视图在改变前后有何异同。

④ 用刀片切割圆柱时，应着重观察刀片平行和垂直于轴线切割的两种情况，理解截交线的求解方法。

⑤ 用刀片切割圆锥和球时，仅观察和记住刀片从不同角度切割后截断面及截交线的形状。

⑥ 仔细研究两正交圆柱在直径相同和不同情况下相贯线的形状变化，以及相贯线在哪个视图中需要画出，在哪些视图中为积聚投影，不需另外作图。

⑦ 正确理解组合体中两形体表面的连接关系，区分连接处有无交线的各种情形。

⑧ 除制作如图 4-1-1 所示的五个基本体外，请认真制作图 4-1-29 所示的物体，仔细观察截交线和相贯线，并与我们所学过的截交线和相贯线知识相比较。

图 4-1-29　物体表面的交线

任务二　绘制轴测图

① 根据图 4-2-1（a）所示的三视图，画出物体的正等轴测图。

② 根据图 4-2-1（b）所示的三视图，画出物体的斜二轴测图。

③ 比较两种轴测图中物体朝前的平面有何特点。

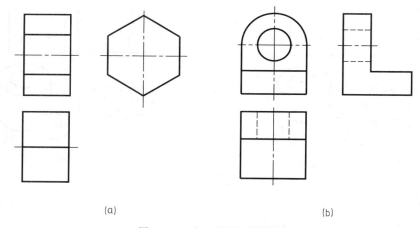

(a) (b)

图 4-2-1　由三视图画轴测图

本任务要完成的是绘制物体的两种常用立体图——正等轴测图和斜二轴测图。要完成该任务，先应该了解什么是正等轴测图和斜二轴测图，它们是如何得到的，这两种轴测图是依据什么来绘图的。进一步还要搞清它们在绘图时的相同点和不同点，以及它们的使用方法。

● 轴测投影的基本知识

● 正等轴测图

● 斜二轴测图简介

一、轴测投影的基本知识

正投影图能完整、真实地表达物体的形状和尺寸大小，在工程上得到广泛的应用。但这种图样缺乏立体感。因此，在机械图样中，常用富有立体感的轴测图作为辅助图样。

1. 基本概念

（1）轴测图的形成

用平行投影法将物体连同其参考直角坐标系，沿不平行于任一坐标面的方向投射，在单一投影面上所得到的图形，称为轴测投影图（轴测图），如图 4-2-2 所示。其中投影面 P 称为轴测投影面。

由图 4-2-2 可知，轴测图能同时反映物体长、宽、高三个方向的形状，所以具有较强的立体感，但度量性差，作图复杂，在工程上只作为辅助图样。

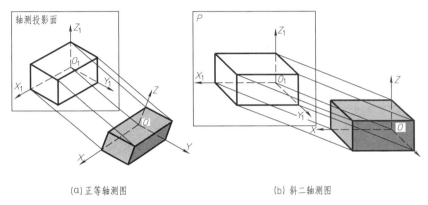

(a) 正等轴测图　　　　(b) 斜二轴测图

图 4-2-2　轴测图的形成

（2）术语

① 轴测轴。直角坐标轴 OX、OY、OZ 在轴测投影面上的投影 O_1X_1、O_1Y_1、O_1Z_1 称为轴测轴。

② 轴间角。轴测投影中，任意两根直角坐标轴在轴测投影面上的投影之间的夹角称为轴间角。

③ 轴向伸缩系数。直角坐标轴上单位长度的轴测投影与相应直角坐标轴上单位长度的比值，称为轴向伸缩系数。OX、OY、OZ 轴上的轴向伸缩系数分别用 p_1、q_1、r_1 表示，即：

OX 的轴向伸缩系数　$p_1 = \dfrac{O_1X_1}{OX}$

OY 的轴向伸缩系数　$q_1 = \dfrac{O_1Y_1}{OY}$

OZ 的轴向伸缩系数　$r_1 = \dfrac{O_1Z_1}{OZ}$

为便于作图，一般采用简化后的轴向伸缩系数，简化后的轴向伸缩系数分别用 p、q、r 表示。

（3）轴测图的种类

轴测图分为正轴测图和斜轴测图两类。用正投影法得到的轴测投影称为正轴测图。用斜投影的方法得到的轴测投影称为斜轴测图。

工程上常用的有正等轴测图（简称正等测）和斜二轴测图（简称斜二测）。

2. 轴测投影的基本性质

① 平行性。物体上相互平行的线段，其轴测投影亦相互平行。

② 等比性。物体上与坐标轴平行的线段，其轴测投影与相应的轴测轴平行，且轴测投影的长度等于原长乘以该轴的轴向伸缩系数。

二、正等测图

1. 正等测图的形成及其轴间角和轴向伸缩系数

（1）正等测图的形成

在图 4-2-3（a）中，当四棱柱的正面平行于投影面 P 时，其投影为一矩形，无立体感。如果先将四棱柱连同其参考坐标系旋转成图 4-2-3（b）、（c）中的情形，这时，四棱柱的三根坐标轴与轴测投影面 P 都倾斜成相同的角度，然后向轴测投影面 P 进行投射，即得到四棱柱的正等测图，如图 4-2-3（d）所示。

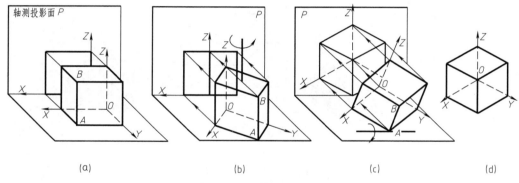

图 4-2-3 正等测图的形成

（2）轴间角和轴向伸缩系数

正等测图的三个轴间角均为 120°。一般使 O_1Z_1 轴处于铅垂位置，O_1X_1，O_1Y_1 分别与水平线成 30°角（O_1、X_1、Y_1、Z_1 可简写成 O、X、Y、Z），如图 4-2-4 所示。

图 4-2-4 正等测轴间角和轴向伸缩系数及轴测轴画法

正等测图的三个轴向伸缩系数均为 0.82（即 $p_1=q_1=r_1=0.82$）。绘图时，为使作图方便，常将轴向伸缩系数简化为 1，即 $p=q=r=1$，如图 4-2-4 所示。画轴测图时，凡与坐标轴平行的线段，作图时可按原长量取，这样绘出的轴测图，比实物放大了 1.22 倍

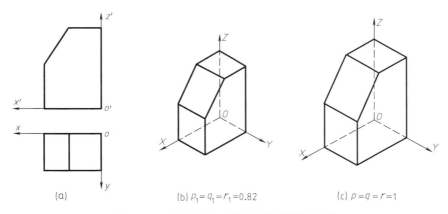

图 4-2-5　不同伸缩系数的正等测图的比较

（约 1/0.82），见图 4-2-5 所示。

2. 坐标轴的设置

画轴测图时，先要根据物体的特点，选定合适的坐标轴。坐标轴可以设置在物体之外，但一般常设置在物体本身某一特征位置线上，如主要棱线、对称中心线、轴线等。总之，坐标轴线应选择在物体上最有利于画图的位置，如图 4-2-6 所示。

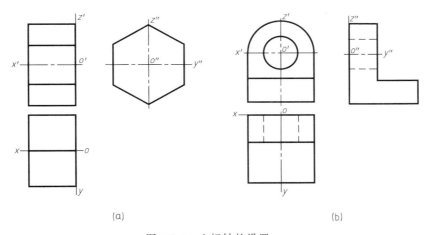

图 4-2-6　坐标轴的设置

3. 平面立体正等测图的画法

（1）坐标法

根据物体的特点，选定合适的坐标轴，然后，根据立体表面各顶点的坐标，分别画出它们的轴测投影，并顺次连接各顶点的轴测投影，从而完成作图。坐标法是画平面立体轴测图最基本的方法。

【例题 1】　已知六棱柱的两视图，用坐标法画六棱柱的正等测图。

解：选定六棱柱顶面外接圆的圆心为坐标原点，建立如图 4-2-7（a）中所示的坐标轴。具体作图步骤见图 4-2-7（b）～（d）。

（2）切割法

许多形体可看作是在长方体的基础上挖切而成的。画这些形体的轴测图时，可先根据物体的总长、总宽、总高作出辅助长方体的正等测图，然后根据实际形体进行轴测挖切，从而

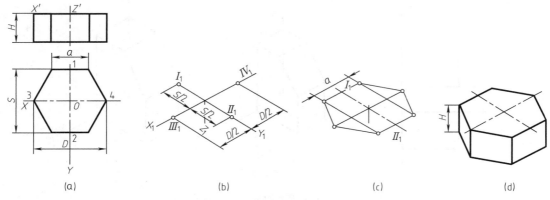

图 4-2-7 六棱柱正等测图的画法

完成物体的正等测图。

【例题 2】 用切割法画带燕尾槽立方块的正等测图 [图 4-2-8(a)]。

解： 具体作图步骤见图 4-2-8(b)~(d)。

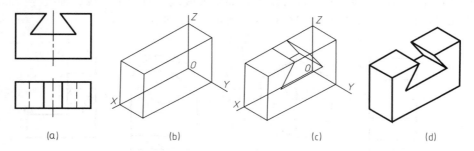

图 4-2-8 带燕尾槽立方块的正等测图画法

（3）叠加法

对由几个几何体叠加而成的形体，可先作出主体部分的轴测图，再按其相对位置逐个画出其他部分，从而完成整体的轴测图，如图 4-2-9 所示。

(a) 选择坐标轴   (b) 画出轴测轴   (c) 画底部长方体   (d) 画上部长方体

图 4-2-9 用叠加法画正等测图

4. 回转体正等测图画法

（1）圆的正等测图画法

　　假设在正方体的三个面上各有一个直径为 d 的内切圆，如图 4-2-10(a) 所示，那么这三个面的轴测投影将是三个相同的菱形，而三个面上内切圆的正等测图则为内切于菱形的形状相同的椭圆，如图 4-2-10(b) 所示。这些椭圆具有以下特点：

　　椭圆长轴的方向是菱形的长对角线的方向，即椭圆的长轴与菱形的长对角线重合；椭圆短轴的方向垂直于长轴，是菱形短对角线的方向，即椭圆的短轴与菱形的短对角线重合。

　　通过分析，还可以看出，椭圆的长短轴与轴测轴有关，即：

　　当圆所在平面平行于 XOY 面时，其轴测投影——椭圆的长轴垂直于 O_1Z_1 轴，即成水平位置，短轴平行于 O_1Z_1 轴；

　　当圆所在平面平行于 XOZ 面时，其轴测投影——椭圆的长轴垂直于 O_1Y_1 轴，即向右方倾斜，并与水平线成 60° 角，短轴平行于 O_1Y_1 轴；

　　当圆所在平面平行于 YOZ 面时，其轴测投影——椭圆的长轴垂直于 O_1X_1 轴，即向左方倾斜，并与水平线成 60° 角，短轴平行于 O_1X_1 轴。

图 4-2-10　平行于各坐标面的圆的正等测图的画法

　　(2) 椭圆的近似画法

　　平行于坐标平面的圆的正等测图都是椭圆，通常采用近似画法，方法是用四段圆弧光滑地连接起来，代替椭圆曲线，其作图步骤见图 4-2-11。

　　(3) 圆柱的正等测图 [图 4-2-12(a)]

　　具体作图步骤见图 4-2-12(b)～(d)。

　　另外两种不同位置圆柱的正等测图如图 4-2-13 所示。

　　(4) 圆角的正等测图

　　长方形平板常存在由四分之一圆柱面形成的圆角，如图 4-2-14(a) 所示。画圆角的正等测图的步骤见图 4-2-14(b)、(c)。

　　三、斜二测图简介

　　1. 轴间角和轴向伸缩系数

　　斜二测图的轴向伸缩系数取 $p=r=1$，$q=0.5$，轴间角为：$\angle XOZ = 90°$，$\angle XOY = \angle YOZ = 135°$，如图 4-2-15 所示。

(a) 水平圆的两个视图

(b) 画轴测轴,作外切
正方形的轴测图

(c) 以A、B为圆心,AD
为半径画大圆弧

(d) 连AD和AC,交长
轴于I、II两点

(e) 以I、II为圆心,IIC为
半径画小圆弧

图 4-2-11 按外切四边形画椭圆

(a)圆柱的视图

(b)画轴测轴和上、下两底椭圆

(c) 作轮廓切线

(d)擦线,描深图线

图 4-2-12 圆柱的正等测图

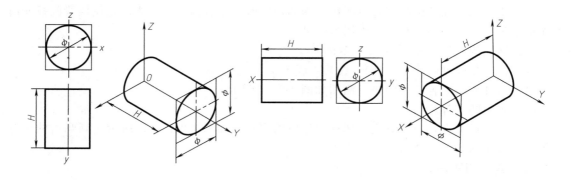

(a) 底圆前后放置

(b) 底圆左右放置

图 4-2-13 不同位置圆柱的正等测图

(a) 视图　　　　　(b) 画顶面的四个圆角　　　　　(c) 用移心法画底圆角

图 4-2-14　圆角正等测画法

图 4-2-15　斜二测图的轴间角

图 4-2-16　三坐标面上圆的斜二测图

2. 斜二测图画法

（1）圆的斜二测图

平行于坐标面的圆的斜二测图，如图 4-2-16 所示。凡是与正面平行的圆的轴测投影反映实形，仍然是圆，与侧面和水平面平行的圆，其轴测投影为椭圆。当物体的三个或两个坐标面上有圆时，应尽量不选用斜二测图，而当物体只有一个坐标面上有圆时，则采用斜二测图，作图较为方便。

（2）立体的斜二测图

凡平行于 XOZ 坐标面的图形，在斜二测投影中均反映实形，通常选择立体的特征面平行于该坐标面，可使轴测图简便易画，如图 4-2-17 所示。

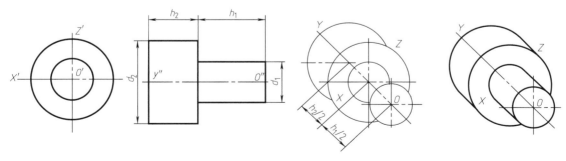

(a) 选坐标轴　　　　　(b) 画轴测轴，作各端面圆的斜二轴测图　　(c) 作公切线，修改并描深

图 4-2-17　斜二轴测图的画法

任务二指导

一、绘图步骤

无论画正等测还是斜二测，都可按下面的步骤进行。

1. 设置坐标轴

为了在作图时确定轮廓线的绘制方向，需要在视图中定出坐标轴（即定出空间坐标）作为参照。本任务中坐标的设置可参看图 4-2-6。

2. 画轴测轴

根据要画的轴测图类型，画出相应的轴测轴。

3. 逐一画出物体的各部分

先绘制物体上的一部分，然后在绘制出的这部分基础上逐一完成其他部分的绘图，注意两部分的相对位置关系。

4. 检查，擦去多余的线，描深图线。任务二完成后如图 4-2-18 所示。

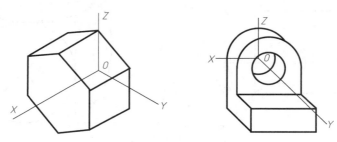

图 4-2-18　任务二答案

二、注意事项

① 初学绘制轴测图时，一定要设置好坐标，以便作图绘制直线时作为方向参照。

② 作图时只能直接画出平行于空间坐标轴的线段。画倾斜于空间坐标轴的线段时，应定出两个端点后再连线完成。

③ 绘制斜二轴测图时，OY 方向的线段长度只画实际长度的一半。

④ 绘制物体的轴测图时，一般选用正等轴测图（立体感强），当物体某一方向的形状较复杂时，则选用斜二轴测图较方便。

任务三　模型测绘，画组合体三视图

任务描述

① 绘制 1～2 个模型的三视图［本任务以图 4-3-1(a) 所示物体为例讲解，其三视图如图 4-3-1(b) 所示］。

② 按组合体尺寸标注的要求，在三视图上正确地注出模型的尺寸。

③ 使用 A3 图纸，比例 2∶1。

任务分析

本任务是通过图物对照的形式绘制模型的三视图，模型的有关尺寸要经过测量获得。因此，要完成本项任务，必须学会常见量具的使用方法及测量的基本技巧，同时要通过图物对照进一步理解三视图之间的对应关系，以便在绘图和看图过程中熟练运用三视图规律，养成

(a)　　　　　　　　　　　　　　　(b)

图 4-3-1　组合体三视图的画法与标注

良好的作图习惯。

相关知识

● 组合体三视图的画法
● 组合体的尺寸标注
● 模型的尺寸测量方法

一、组合体三视图的画法

1. 形体分析

如图 4-3-2 所示的轴承座，是由圆筒、底板、肋板和支撑板四部分叠加而成，每一部分又是由基本体挖切而成。肋板、底板与支撑板相互叠加，肋板、支撑板与圆筒相贯，支撑板与圆筒相切。

2. 确定主视方向

主视图是三视图中最重要的一个视图，应选取最能反映形体特征的视图作为主视图，可按下列原则选择：

① 主视图应最能反映组合体的形状和位置特征；

② 形体应放正，尽量使多数表面垂直或平行于基本投影面；

③ 尽量使得其他两个视图的轮廓线可见，避免出现虚线。

如图 4-3-2 所示的轴承座中，选取 A 方向作为主视图的投射方向最佳，因为组成该支架的各基本体及它们间的相对位置在 A 方向表达最为清晰。

3. 确定比例、选定图幅

根据组合体的大小和复杂程度，按标准规定选择适当的

图 4-3-2　主视方向的选择

比例和图幅。比例优先选用 1∶1。图幅要考虑视图所占的空间并留足标注尺寸和画标题栏的位置。

4. 绘制底稿

布图、画基准线，按三视图的投影规律，逐个画出各部分的三视图，如图 4-3-3 (a)～(e) 所示。

画底稿时，应注意以下几点：

① 应按"三等"的原则，在形体分析的基础上逐个画出每一部分的三个视图；

（a）画作图基准线　　　　　　　　（b）画圆筒三视图

（c）画底板三视图　　　　　　　　（d）画支撑板的三视图

（e）画肋板的三视图　　　　　　　（f）检查、描深视图

图 4-3-3 组合体三视图的作图步骤

② 画图时应先定位，再定形，先画大的、主要的部分，后画小的、次要的部分；

③ 特别注意相邻形体间的连接之处（可能出现相贯线）以及切口处（截交线）的画法，作到不漏画和多画。

5. 检查描深

完成底稿后应仔细检查，修改错误，擦去多余图线，再按规定的线型描深，如图 4-3-3 (f) 所示。

二、组合体的尺寸标注

1. 组合体尺寸标注的基本要求

正确：应按技术制图国家标准的规定标注尺寸。

完整：注全各形体的大小及相对位置尺寸，不遗漏、不重复标注。

清晰：尺寸布置整齐清晰，便于读图。

2. 尺寸基准

标注尺寸的起点称为尺寸基准。组合体在长、宽、高三个方向都应有相应的尺寸基准。

如图 4-3-4 所示的支架，长度方向尺寸基准是底板右端面，宽度方向的尺寸基准是前后对称面，高度方向的尺寸基准是底板的底面。

3. 组合体的尺寸种类

图 4-3-4　支架的基准

定形尺寸：用来确定组合体中各个部分的形状和大小的尺寸。如轴承座中圆筒的尺寸 $\phi22$、$\phi14$ 和 24，见表 4-3-1。

定位尺寸：用来确定组合体中各个部分的相对位置的尺寸。如轴承座中圆筒的中心高 32，见表 4-3-1。

总体尺寸：用来确定组合体的总长、总宽和总高的尺寸。如轴承座的总长 60，见表 4-3-1。

4. 标注组合体尺寸的方法和步骤

先选择尺寸基准，然后用形体分析法逐个标注每一形体的定形、定位尺寸及必要的总体尺寸，最后进行检查、补漏、改错及调整。

轴承座的尺寸标注方法和步骤见表 4-3-1。

标注组合体的尺寸时应注意以下几点。

① 各形体的定形尺寸和定位尺寸，应尽量集中标注在该形体特征最明显的视图上。

在表 4-3-1 中，底板的多数尺寸集中标注在俯视图上，圆筒的尺寸多数标注左视图上。

② 回转体的尺寸，一般应注在非圆视图上，半径尺寸必须标注在投影为圆弧的视图上，但应尽量避免标注在虚线上。

③ 尺寸应尽量标注在视图之外，个别较小的尺寸可注在视图内部。

三、模型的尺寸测量方法

模型测绘必须掌握尺寸的测量方法。常用的量具有直尺、外卡钳、内卡钳等，如图 4-3-5 所示。

1. 尺寸的测量方法

① 直线尺寸（长、宽、高）的测量。一般可直接用直尺测得，有时要用直角尺或三角板配合进行测量，如图 4-3-6 所示。

表 4-3-1 组合体的尺寸标注

图例	
说明	(1)按形体分析法将轴承座分为四部分	(2)以底面为高基准,左右对称面为长基准,支承板背面为宽基准,标注底板的定形、定位尺寸
图例	
说明	(3)标注圆筒的定形、定位尺寸	(4)标注支承板、肋板尺寸及总体尺寸,并统一进行调整

(a)直尺　　　　　　　　　　　　(b)外卡钳　　　　(c)内卡钳

图 4-3-5 常用量具

② 回转体直径尺寸的测量。测量外径用外卡钳，如图 4-3-7（a）所示；测量内径用内卡钳，如图 4-3-7（b）所示。当精度要求较高时，可用游标卡尺测量，如图 4-3-8 所示。

③ 壁厚的测量。筒体和接管的壁厚可量取外径 D 和内径 d，通过计算求出，如图 4-3-9（a）所示。当内径不便于测量时，可按图 4-3-9（b）的办法进行，经计算得 $x=A-B$ 及 $y=C-D$，即为壁厚。

图 4-3-6　直线尺寸的测量　　　　　　　图 4-3-7　回转体直径的测量

图 4-3-8　游标卡尺测量外径和内径

图 4-3-9　测量壁厚

④ 孔间距的测量。当孔的直径不等时，孔间距为 $A=L+\dfrac{d_1+d_2}{2}$，如图 4-3-10 所示。

⑤ 中心高的测量。可用图 4-3-11 所示的方法，量出尺寸 A 和 D（精度要求较高时应量出 B 和 d），用公式 $H=A+\dfrac{D}{2}$（或 $H=B+\dfrac{d}{2}$）计算中心高 H。

$$A = L + \frac{(d_1 + d_2)}{2}$$

图 4-3-10　测量孔间距

$$H = A + \frac{D}{2} = B + \frac{d}{2}$$

图 4-3-11　测量中心高

2. 测量尺寸的注意事项

① 应根据零件的精度选用相应的量具。

② 允许将不重要的尺寸圆整。

任务三指导

一、作图步骤

① 运用形体分析法分析组合体，弄清各部分的形状、组合关系及相对位置。

② 确定主视图的投射方向，考虑显示位置特征为主（即组成组合体的各部分相对位置显示明显），同时尽量显示出各部分的形状特征。

③ 画三视图，应先画底图后描深。

④ 标注尺寸，填写标题栏。

二、注意事项

① 本任务中测量模型所得的尺寸精度要求较低，测得的值可以进行圆整。

② 布置视图时，要留出标尺寸的位置，不要将图纸四等分，应按比例及组合体的尺寸大小留出画视图的空间。

③ 标注尺寸应做到正确、完整、清晰。

④ 保证图纸质量，线型、字体、箭头要符合国家标准，多余的图线要擦去。

任务四　看组合体三视图

任务描述

① 用形体分析法分析图 4-4-1(a) 所示三视图，想象所表达的物体的空间形状。

② 用线面分析法分析图 4-4-1(b) 所示三视图，想象所表达的物体的空间形状。

③ 比较线面分析法和形体分析法，弄清它们的适用场合。

任务分析

初学看图，往往感觉无从下手。要轻松完成本任务，必须从读图的基本要领入手，按一定的方法和步骤进行。必须指出，要能够熟练并正确地读懂组合体三视图不是一朝一夕就能

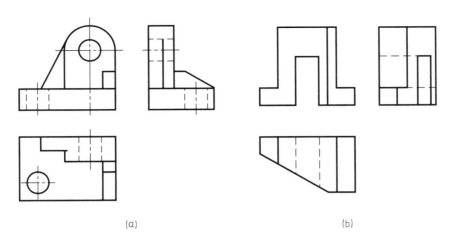

(a)   (b)

图 4-4-1   看组合体三视图

成功的，需要我们经过一段较长时间的刻苦训练才能办到。只有多看图，才能逐步提高自己的看图水平。

● 读组合体三视图的基本要领
● 组合体的读图方法

一、读组合体三视图的基本要领

1. 要把几个视图联系起来分析

如图 4-4-2 所示的两组合体，其主、左视图完全相同，但却是不同物体的投影，必须联系俯视图才能看懂立体形状。

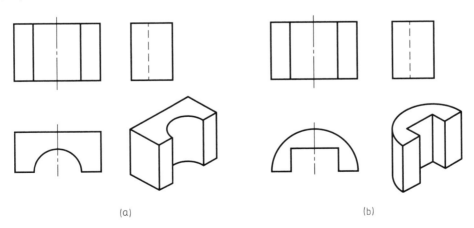

(a)   (b)

图 4-4-2   几个视图联系起来看

2. 要善于找出特征视图

特征视图是最能反映物体形状特征的视图，读图时应从其入手。如图 4-4-3 所示物体，俯视图反映了 Ⅰ 的形体特征；主视图反映了 Ⅱ、Ⅲ 的形体特征；左视图反映了 Ⅳ 的形体特征。

(a)   (b)

图 4-4-3   特征视图

3. 了解线框和图线的含义

① 视图上每一个封闭线框，一般表示物体上一个面的投影，可以有以下几种情况：

平面的投影［如图 4-4-4(b) 中 1′］；曲面的投影［如图 4-4-4(b) 中 2″］；平面与曲面的共同投影［如图 4-4-4(b) 中 3′］；孔洞的投影［如图 4-4-4(b) 中 4］。

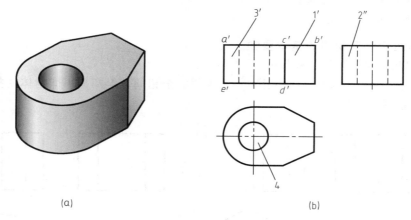

(a)   (b)

图 4-4-4   图线和线框的含义

看图时要判断某一个线框属于上述哪种情况的投影，必须找到该线框在各个视图中的相应投影，然后将几个投影联系起来进行分析。

② 视图上每一条图线可以表示下列各种情况：

具有积聚性表面的投影［如图 4-4-4(b) 中 $a'b'$］；表面与表面交线的投影，如棱线、截交线、相贯线等［如图 4-4-4(b) 中 $c'd'$］；曲面转向轮廓线的投影［如图 4-4-4(b) 中 $a'e'$］。

看图时，要判断视图中某一图线属于上述哪一种情况的投影，需先找到该图线在其他视图中相对应的投影，再将几个投影联系起来分析，才能得到正确的判断。

③ 相邻两个线框一般代表两个面。一个线框代表一个面，那么相邻的两个线框（或线框里面套线框），则一般代表两个表面。两个不同表面有上下、左右、前后和斜交之分，如

图 4-4-5 所示。

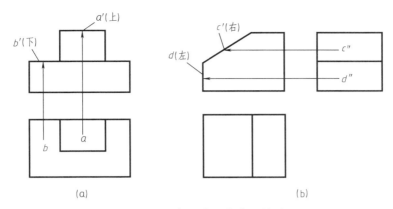

图 4-4-5 相邻两表面的位置关系

二、组合体的读图方法

1．形体分析法

运用形体分析法读图，就是将组合体分解为几个部分，分析每一部分的形状，再根据它们的相对位置和组合关系加以综合，最终想象出组合体的整体形状。下面以图 4-4-6 举例加以说明。

① 粗看视图，分离形体。从主视图入手，将组合体分成 Ⅰ 、 Ⅱ 、 Ⅲ 、 Ⅳ 部分组成，如图 4-4-6（a）所示。

② 对投影，想形状。对分解开来的每一部分，逐一根据"三等"关系，分别找出它在各个视图上的投影，并想象出它们的形状，如图 4-4-6（b）～（e）所示。

③ 根据三视图分析各部分的相对位置和组合形式，综合想象整体形状，如图 4-4-6（f）所示。

2．线面分析法

运用线面分析法读图，就是运用投影规律，通过分析形体上的线、面等几何要素的形状和空间位置，最终想象出形体的形状。对于挖切为主的组合体，常用此种方法。下面以图 4-4-7 为例加以说明。

（1）粗看视图，分析基本形体

通过粗看视图，可以认为它是在长方体的基础上经多个面切割而成的。

（2）分析各表面及交线的空间位置

先分析可见面。该例应从实线线框最少的主视图入手，图中只有两个实线线框 $1'$ 、 $2'$ ，故朝向前方的平面最多有两个。按"三等"关系找出它们对应的另外两投影，从而分析出表面 Ⅰ 、 Ⅱ 的形状和空间位置，如图 4-4-7（b）所示。同理可分析出 Ⅲ 、 Ⅳ 、 Ⅴ 、 Ⅵ 的形状和空间位置，如图 4-4-7（c）～（d）所示。

不可见面从主视图看应在前后通槽位置，应为相互垂直的三个面，其中水平的一个形状可从俯视图看出，左右竖立的两个平面的形状可从左视图看出，请读者自行分析。

（3）综合想象形体形状

将第二步分析的结果综合，按一定顺序将各面组合，从而可得出组合体的总体形状。

3．补漏线、补第三视图

补漏线和补第三视图，是将读图与绘图结合起来的一种综合问题，一般可分为两步进行：

图 4-4-6 用形体分析法看图

① 根据已知视图运用形体分析法或线面分析法大致分析出物体的形状;

② 根据想象的形状并依据"三等"关系进行作图,同时进一步完善物体形状的想象。

【例题 1】 读以下三视图 [图 4-4-8(a)],补画视图中所缺的图线。

(1) 由给定视图想立体形状

主视图上的三个线框分别表示两个实体和一个孔的形状(特征形状),由此可想出该物

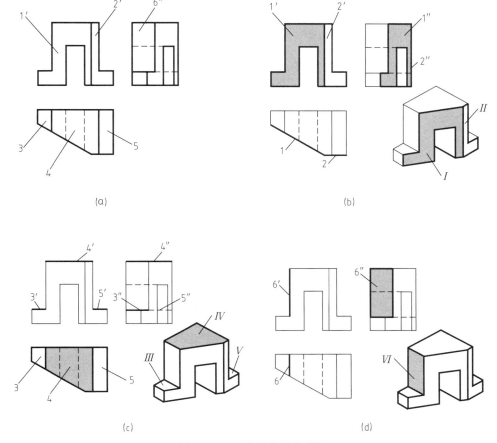

图 4-4-7　用线面分析法看图

体的立体形状，如图 4-4-8（a）所示。

（2）补图线

重点在两实体、两孔或实体与孔相连接之处补线，或形体被切割后的切口部位补线，如图 4-4-8（b）所示。

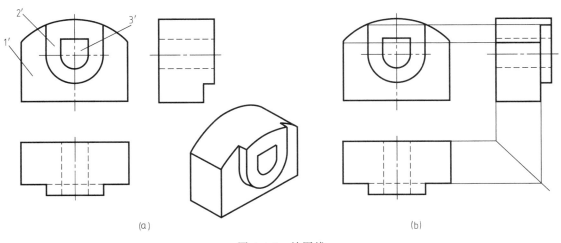

图 4-4-8　补图线

【例题2】 已知组合体的主视图和俯视图，补画左视图［图4-4-9(a)］。

① 由形体分析可知，该组合体大致由底板和两块立板叠加而成，底板和两立板又各有挖切，如图4-4-9(a)所示。

② 逐一补画各部分得左视图，如图4-4-9(b)～(e)所示。

③ 注意视图中两形体连接之处是否有线分割。

(a) 补画左视图　　　　　　　　　　(b) 画底板

(c) 补画立板　　　　　　　　　　(d) 补画前台

(e) 补画孔和前方缺口,完成作图　　　　(f) 立体图

图 4-4-9　补画视图

任务四指导

一、看图步骤

用形体分析法看图的步骤如下。

1. 看视图，分部分

　　先应在位置特征明显的视图上划分组合体的各部分，划分时应参看其他视图，以排除可能的孔洞结构。如图 4-4-6(a) 所示，主视图中的小圆，参看俯视图或左视图（虚线）可知该封闭线框为孔，不应作为组合体的一个部分。因此，图 4-4-6(a) 表示的物体分为四部分。

　　2. 对投影，想形状

　　将各部分的投影对照出来后，应抓住其特征形状，一般将其按看图方向延伸后，就可想象出该部分的立体形状，参见图 4-4-6(b)～(e)。

　　3. 综合起来想形体

　　在想象出各部分的基础上，再按它们各自的相互位置（前后、左右和上下位置）组合起来，综合想象出组合体的立体形状。

　　用线面分析法看图的步骤如下：

　　① 按三个视图的粗略轮廓想象出基本形体。

　　② 从实线线框最少的视图开始，逐一分析各表面的形状和空间位置（包括可见面和不可见面），见图 4-4-7(b)～(d)。

　　③ 在分析出各表面的形状和空间位置后，将它们按顺序连接起来，综合想象出组合体的立体形状。

　　二、注意事项

　　① 读组合体三视图应以形体分析法为主。若视图中（一般在主视图中）具有多个位置特征明显的线框，表明该组合体由多个基本体组成，分析三视图时应使用形体分析法，见图 4-4-1(a)。

　　② 若三视图中视图粗略轮廓简单，线框间没有明显位置特征，表明该组合体由单一基本体经切割而来，见图 4-4-1(b)。分析这类三视图，应使用线面分析法。

　　③ 组合体的各部分大都类似于直柱体，每一部分有两个相互平行的平面，其形状多变。这些平面反映了该部分的形状，称为特征形状。要想象出该部分的立体形状，只要将特征形状沿看图方向延伸即可。

任务五　用 AutoCAD 绘制组合体三视图

任务描述

　　① 用 AutoCAD 绘制如图 4-5-1 所示的三视图。

　　② 用 AutoCAD 标注尺寸。

　　③ 用 A4 图纸打印出绘制的三视图，要求布图均匀，线型粗细合理、美观。

任务分析

　　本任务是对手工绘图技能的延伸，它是通过使用 AutoCAD 绘图工具来提高作图效率。要完成该任务，必须掌握在 AutoCAD 中三视图间的对齐方法，学会用 AutoCAD 标注尺寸，并通过绘制三视图，进一步熟悉 AutoCAD 的常用命令及其操作方法。

相关知识

　　● 三视图间的对齐方法

　　● 用 AutoCAD 标注尺寸

　　● 用 AutoCAD 绘制组合体三视图

图 4-5-1 组合体立体图

一、三视图间的对齐方法

在绘图前，一般应打开辅助工具栏中的"极轴"、"对象捕捉"和"对象追踪"三个工具。"对象捕捉"可参照如图 4-5-2 所示设置，注意选中"延伸"复选框，作图较方便。

图 4-5-2 草图设置对话框

在图 4-5-3 中，若要绘制左视图，必须保证左视图与主视图"高平齐"，其操作方法是：打开辅助工具栏中的"极轴"、"对象捕捉"和"对象追踪"，单击 ✏ 命令，提示输入点时，将光标移到"1"点对一下，再次移动鼠标，只要光标处于与"1"点对齐的位置，光标处便总会出现一根灰色虚线。把光标移到合适位置后（如"2"点）按下鼠标左键即可开始画左视图。

图 4-5-3　视图对齐　　　　　　　　　图 4-5-4　绘制左视图

若不知物体的宽度尺寸，俯视图与左视图"宽相等"可通过绘制 45°辅助线的方法对齐，如图 4-5-4 所示。画 45°辅助线时，可打开辅助工具栏中的"极轴"，并设置角增量为"45"。

二、用 AutoCAD 标注尺寸

1. 尺寸标注样式

在用 AutoCAD 对图样进行尺寸标注之前，需要定义合适的尺寸样式，以保证标注出的尺寸符合我国机械制图及技术制图标准。如同文本标注一样，所有尺寸标注都是使

图 4-5-5　"标注样式管理器"对话框

用当前尺寸样式创建的，未指定标注样式时，AutoCAD 采用系统提供的缺省样式（ISO-25）。

单击标注工具栏图标 ✎（或选择菜单"格式→标注样式"）启动该命令，弹出"标注样式管理器"对话框，如图 4-5-5 所示。单击"新建"按钮，弹出"创建新标注样式"对话框，如图 4-5-6 所示。

单击"创建新标注样式"对话框中的

图 4-5-6　"创建新标注样式"对话框

图 4-5-7 "新建标注样式"对话框

"继续"按钮，打开"新建标注样式"对话框，如图 4-5-7 所示。利用该对话框，用户可以对新建的标注样式进行具体的设置。

要对已有的标注样式进行修改，可单击"标注样式管理器"中的"修改"按钮，弹出"修改标注样式"对话框，该对话框的内容与"新建标注样式"对话框（见图 4-5-7）完全相同。

2. 尺寸标注

以下介绍几种常用的标注。

（1）线性标注（图 4-5-8）

线性标注用来标注图形在水平、垂直方向或指定方向上的尺寸。

单击工具栏图标 ![] （或选择菜单"标注→线性标注"），启动该命令后，屏幕提示：

指定第一条尺寸界线原点或〈选择对象〉：（捕捉点 1，如图 4-5-8(a) 所示）

指定第二条尺寸界线原点：（捕捉点 2，如图 4-5-8(b) 所示）

指定尺寸线位置或［多行文字（M）/文字（T）/角度（A）/水平（H）/垂直（V）/旋转（R）］：（移动鼠标到合适位置后单击确定，完成标注，如图 4-5-8(c) 所示）

(a)

(b)

(c)

图 4-5-8 线性标注

方括号中的选项"文字（T）"，用于在未确定尺寸位置之前改变标注文字的内容。

（2）半径标注

单击工具栏图标 ![] （或选择菜单"标注→半径标注"），执行该命令后，屏幕提示：

选择圆弧或圆：（选择要标注半径的圆弧或圆）

指定尺寸线位置或［多行文字（M）/文字（T）/角度（A）］：（在该提示下，用户用鼠标确定尺寸线的位置，AutoCAD 则根据实际测量值，标注出圆弧或圆的半径）

（3）直径标注

单击工具栏图标 ![] （或选择菜单"标注→直径标注"），执行该命令后，屏幕提示：

选择圆弧或圆：（选择要标注直径的圆或圆弧）

指定尺寸线位置或［多行文字（M）/文字（T）/角度（A）］：［在该提示下，用户确定尺寸线的位置，AutoCAD 则根据实际测量值，标注出圆或圆弧的直径。用户也可以通过"多行文字（M）"、"文字（T）"以及"角度（A）"选项来确定尺寸文字和文字的旋转角度。

用"文字（T）"选项修改直径值时，数字前应加直径符号，在 AutoCAD 中用"％％c"代替"ϕ"，如"$\phi100$"应输入成"％％c100"的形式]

（4）角度标注（图 4-5-9）

单击工具栏图标（或选择菜单"标注→角度标注"），启动该命令后，屏幕提示：

选择圆弧、圆、直线或〈指定顶点〉：（用鼠标单击选定直线 1）

选择第二条直线：（用鼠标单击选定直线 2）

指定标注弧线位置或［多行文本（M）/文字（T）/角度（A）］：（移动鼠标到合适位置后单击左键确定尺寸线的位置，完成标注）

图 4-5-9　角度标注　　　　　　　　　　　　图 4-5-10　多重引线

（5）多重引线（图 4-5-10）

多重引线可以用来标注一些注释和说明等。

选择菜单"标注→多重引线"，启动命令后，屏幕提示：

命令：_ mleader

指定引线箭头的位置或［引线基线优先（L）/内容优先（C）/选项（O）]〈引线基线优先〉：（单击输入 1 点）

指定引线基线的位置：（单击输入 2 点）

这时弹出文字格式对话框（与多行文字的相同），输入文字后按确定完成多重引线的标注，如图 4-5-10 所示。

若选"内容优先"选项，则是先输入多行文字，后画引线。

（6）标注几何公差

在 AutoCAD 中，几何公差是通过特征控制框架来显示的，公差特征控制框架的内容如图 4-5-11 所示。

图 4-5-11　几何公差特征控制框架

单击工具栏图标（或选择菜单"标注→公差"），启动该命令后，弹出"形位公差"对话框。利用该对话框，可以设置公差值、符号及基准等参数，如图 4-5-12 所示。

几何公差可与多重引线结合起来标注。多重引线的水平基准线太短时，可先将其分解后

图 4-5-12 "形位公差"对话框

拉长，公差框的基点用对象捕捉方法定位到引线的端点，如图 4-5-13 所示。

图 4-5-13 与引线结合标注形位公差

图 4-5-14 绘制三视图例题

三、用 AutoCAD 绘制组合体三视图

【例题】 绘制如图 4-5-14 所示的三视图。

1. 设置绘图区域大小、单位、设置图层、线型、颜色等

① 创建新图形，用 limits 命令设置图形界限为 100，100，使用缩放命令（ZOOM）中的全部缩放，将绘图区域在屏幕上满屏显示出来。

② 按需要，该图可只设置虚线层、粗实线层和细实线层。如果要标注尺寸，还可设置尺寸标注层。

2. 绘制视图

切换到粗实线层，利用直线命令和输入长度的方法画出主视图的外形轮廓线。

单击直线命令 ✏，AutoCAD 提示：

_line 指定第一点：（从主视图左下角点起，用鼠标单击任意一点）

指定下一点［或放弃（U）］：（鼠标水平向右后输入直线的长度 40，回车）

指定下一点［或放弃（U）］：（鼠标竖直向上后输入 10，回车）

指定下一点［或放弃（U）］：（鼠标水平向左后输入 20，回车）

指定下一点［或放弃（U）］：（鼠标竖直向上后输入 15，回车）

指定下一点［或放弃（U）］：（用鼠标使用极轴追踪对齐左下角的第一点后单击画出长度为 20 的水平线）

指定下一点［或放弃（U）］：［直接捕捉左下角第一点，完成后如图 4-5-15(a) 所示］

单击偏移命令 ，AutoCAD 提示：

指定偏移距离或通过（T）〈通过〉：（10，回车）

选择要偏移的对象或〈退出〉：（拾取左边长度为 25 的竖线）

指定点以确定偏移所在一侧：（用鼠标在竖线右侧任意位置单击一点，完成偏移）

再次单击偏移命令 ，用同样的方法偏移右侧长度为 10 的竖线，偏移距离为 12。完成的主视图如图 4-5-15（b）所示。

使用极轴追踪模式对齐视图，同样使用直线命令和偏移命令画俯视图和左视图。俯视图中圆弧可先用圆代替，如图 4-5-16(a) 所示，修剪后的俯视图如图 4-5-16(b) 所示。

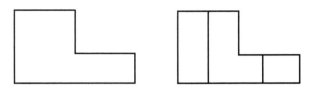

(a) 用直线命令绘外轮廓　　(b) 用偏移命令得到中间两竖线

图 4-5-15　画主视图

(a) 用圆代替圆弧　　　(b) 修剪后得圆弧

图 4-5-16　画俯视图

如图 4-5-17 所示，在画左视图时，可以 B 点为圆心，7 为半径画辅助圆来确定 A 点，也可直接以相对距离确定 A 点。完成后的三视图如图 4-5-18 所示。

图 4-5-17　用辅助圆找定点 A

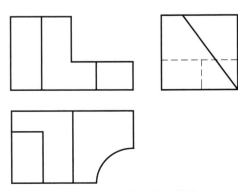

图 4-5-18　完成后的三视图

任务五指导

一、用 AutoCAD 绘制组合体三视图的步骤

① 绘图设置。设置绘图区域大小、绘图单位、设置图层、线型、颜色。

② 对给定的组合体进行形体分析，并确定主视方向。

③ 按 1∶1 的比例绘制物体的三视图。作图过程中的绘图命令与编辑命令可以灵活使用。

④ 检查、修改三视图。

⑤ 标注组合体的尺寸。

按上述步骤，用 AutoCAD 绘制如图 4-5-1 所示组合体三视图的步骤如下。

① 设置绘图区域的大小、单位、设置图层、线型、颜色等。

a. 创建新图形，用 limits 命令设置图形界限为 210，148，使用缩放命令中的全部缩放将图形界限区域全屏显示。

b. 设置粗实线层、中心线层、虚线层及尺寸标注层。

② 绘制带孔立板。

a. 绘图。先在中心线层上画对称线、中心线。

切换到粗实线层，激活矩形命令后，在"指定第一角点或〔倒角（C）/标高（E）/圆角（F）/厚度（T）/宽度（W）〕"的提示下，在屏幕的适当位置任意单击，出现"指定另一个角点"的提示下，此时输入：@54，30，即可出现主视图中的图形。俯视图与左视图用同样的方法绘制，角点相对坐标分别输入"@54，8"和"@30，8"。画图时注意打开对象追踪模式，保证主、俯视图和主、左视图之间的位置关系。

画两个 φ9 圆，同时画出圆角 R8（画成圆）；切换至虚线层，画俯视图、左视图中的虚线。

b. 编辑修改。使用修剪命令修剪圆角处后，得到如图 4-5-19(a) 所示的图形。

③ 绘制半圆筒，如图 4-5-19(b) 所示。

使用圆弧、圆、直线、矩形等命令，画出主视图中的半圆筒和俯、左视图中的矩形，画出图中的虚线。使用修剪（TRIM）命令进行编辑修改图形。

④ 绘制肋板，如图 4-5-19(c) 所示。

使用偏移、修剪命令画出图中线段。由于肋板与圆筒相交，在俯视图中出现了一段曲线，如图 4-5-19(d) 所示。

⑤ 绘制半圆筒两边的侧板，如图 4-5-19(e) 所示。

使用偏移命令先画出主视图中的图线；使用对象追踪，在俯视图中对齐后的光标与图线相交处就会产生交点符号，用这种方法可找到在俯视图中画线的起点。光标向垂直方向移动，直接输入侧板的宽度尺寸，再使用对象追踪模式，即可确定水平线另一端点。

⑥ 检查、修改，完成组合体的三视图，如图 4-5-19(f) 所示。

⑦ 标注组合体的尺寸（略）。

二、注意事项

① 画图过程尽量模拟手工画图，确定一点的位置一般不使用坐标输入法，多用辅助线作图或相对距离输入法。

② 绘图步骤并不是唯一的，可依据个人的喜好选择，但应以快捷为原则。

(a)

(b)

(c)

(d)

(e)

(f)

图 4-5-19　用 AutoCAD 绘制三视图的步骤

③ 为了提高作图速度，作图过程中应根据图形的实际情况尽量使用镜像、阵列、复制、偏移等命令。

④ 为了使字体接近国家标准（机械制图及技术制图标准），数字字体可选择"isocp. shx"；汉字字体同样采用"isocp. shx"，并勾选"使用大字体"复选框，大字体选用"gbcbig. shx"。数字字体和汉字字体宽度比例均为 0.707。

⑤ 使用喷墨打印机打印图纸时，粗实线的线宽建议设置为 0.35～0.4，其他细线（细实线、细点画线、虚线等）线宽设置为 0.13～0.15。

机械制图模块

单元五　机件表达方法

　　机件的结构形状多种多样，有的仅用三视图不能表达清楚，还需采用其他的表达方法，有的则不用三个视图就能表达清楚。为此，国家标准规定了视图、剖视图、断面图以及其他各种表达方法，作图时应根据机件的不同结构特点，选择适当的表达方法，完整、清晰、简便地表达机件的内外形状。

任务一　机件外部形状的表达

任务描述

　　① 分析压紧杆的形状结构，如图 5-1-1 所示。

　　② 选择适当的表达方法，将压紧杆的外形表达清楚。

图 5-1-1　压紧杆的立体图

任务分析

　　压紧杆外形较复杂且有倾斜部分，用前面所学的三视图知识不能将它表达清楚。要完成此任务，需针对压紧杆的形体特点，运用基本视图、局部视图和斜视图等表达方法，才能表达清楚其外部形状。

相关知识

　　● 基本视图
　　● 向视图
　　● 局部视图

● 斜视图

视图是按正投影法画出的图形，主要用来表达零件的可见外形，必要时，也可用虚线表达不可见的其他轮廓。视图包括基本视图、向视图、局部视图和斜视图。

一、基本视图

如图 5-1-2 所示，在物体的前、后、上、下和左、右六个方向分别建立投影面，称为基本投影面。物体向六个基本投影面分别投射，所得到的视图叫基本视图。基本视图的名称和投射方向规定如下：

主视图——从前向后投射得到的视图；

俯视图——从上向下投射得到的视图；

左视图——从左向右投射得到的视图；

右视图——从右向左投射得到的视图；

仰视图——从下向上投射得到的视图；

后视图——从后向前投射得到的视图。

基本投影面的展开方法如图 5-1-3 所示，六个基本视图展开后的配置如图 5-1-4 所示。各视图位置按图 5-1-4 配置时，一律不作标注。

图 5-1-2　六个基本投影面

各基本视图之间，仍保持"长对正，高平齐，宽相等"的关系。投射方向相反的两个视图对称，但可见性有所改变。如图 5-1-4 所示，若把左视图水平翻转 180°，并将机件左面的轮廓线（在左视图中是实线）改成虚线，就变成了右视图。

图 5-1-3　六个基本投影面的展开

二、向视图

向视图是可以自由配置的视图，如图 5-1-5 中的视图 D、E、F。

在向视图上方的大写拉丁字母是视图名称，在相应视图附近的箭头表示投射方向，并标注有与向视图名称相同的字母。

图 5-1-4 六个基本视图的配置

图 5-1-5 向视图的配置与标注

三、局部视图

将机件的某一部分向基本投影面投射所得到的视图称为局部视图。

局部视图的断裂边界应以波浪线（或双折线）表示，当局部视图所表示的结构完整且外形轮廓封闭时，波浪线可省略。

局部视图的标注与向视图类似，当局部视图按基本视图的配置形式配置，中间又没有其他图形隔开时，可省略标注。

如图 5-1-6 所示，当画出机件的主、俯视图后，圆筒上左侧凸台和右侧 U 形槽的形状还未表达出来，若为此再画出左视图和右视图，则大部分表达内容是重复的，因此，可只将凸台及 U 形槽的局部结构分别向基本投影面投射，即画出两个局部视图。

局部视图 A 表达右侧 U 形槽形状，波浪线用来断开零件上的其他部分。另一个局部视图表达腰圆凸台形状，按投影关系配置没有标注。由于该局部视图图形封闭，不画波浪线。

四、斜视图

机件向不平行于基本投影面的平面投射所得到的视图称为斜视图，如图 5-1-7 中的"A"。

斜视图的标注与向视图类似，尽量按投影关系配置。经旋转摆正的斜视图，视图名称加注旋转符号"⌒"，字母注写在靠近箭头的一侧。

图 5-1-6 局部视图

图 5-1-7 斜视图

任务一指导

一、作图步骤

1. 分析压紧杆的结构，选择表达方法

如图 5-1-8（a）所示，如用三视图表达，由于压紧杆左端耳板是倾斜结构，其俯视图和左视图都不反映实形，画图比较困难，且表达不清楚。为了表示倾斜结构，可按如图 5-1-8（b）所示的方法，在平行于耳板的正垂面上作出耳板的斜视图以反映其实形。因为斜视图只表达倾斜结构的局部形状，所以画出耳板实形后用波浪线断开，其余部分的轮廓线不必画出。

2. 确定表达方案

图 5-1-9（a）所示为压紧杆的一种表达方案，采用一个基本视图（主视图）、B 向局部视图（代替俯视图）、A 向斜视图和 C 向局部视图。

为了使图面布局更加紧凑，又便于画图，可将 C 向局部视图画在主视图的右边，将 A 向斜视图的轴线画成水平位置，加注旋转符号，如图 5-1-9（b）所示。

(a) 三视图   (b) 倾斜结构斜视图的形成

图 5-1-8　压紧杆的三视图及斜视图的形成

(a) 方案一   (b) 方案二

图 5-1-9　压紧杆的两种表达方案

二、注意事项

① 三视图是表达机件形状的基本方法，而不是唯一方法。有时由于机件形状复杂，需增加视图数量；有时为了画图和看图方便，需采用各种辅助视图。机件的表达方案有很多种，应尽可能采用最简单的视图将机件完整、清晰地表达出来。

② 画图时应注意向视图、局部视图和斜视图的配置及标注。

任务二　机件内部形状的表达

任务描述

① 根据给定的视图，分析机件的内外结构形状，如图 5-2-1 所示。

② 选择适当的表达方法，将机件的内外形状表达清楚。

任务分析

此任务给出的视图，无法将机件的内部结构形状表达清楚，图中的虚线表达不利于看图

图 5-2-1　三视图

及尺寸标注。要完成该任务，在原来已学的视图知识的基础上，还需掌握剖视图的画法、剖切方法及标注方法。

相关知识

● 剖视图的基本知识
● 剖切面的数量和剖切方法
● 剖视图的种类与投影分析
● 剖视图的识读

在视图中，机件的内部结构是用虚线表示的。当内部结构较复杂时，视图中会出现很多虚线，给画图和看图带来困难，如图 5-2-2 所示。为使零件内部结构表达清晰，国家标准规定可用剖视进行表达。

一、剖视的基本知识

1. 剖视的形成

如图 5-2-3 所示，用假想的剖切面 P 剖开机件，移去位于观察者和剖切面之间的前半部分，把剩下的后半部分向投影面 V 投射，得到的图形称为剖视图，简称剖视。

与图 5-2-2 中的视图相比，主视图画成剖视图后，机件前半部分的外形被剖去，而原来不可见的孔、槽变得可见了。由于零件前半部分的外形简单，只要结合俯视图，便能将机件的内外结构完整、清晰地表达出来。

2. 剖面符号

(a)　　　　　　　　　　　　　　　　　(b)

图 5-2-2　视图

(a)　　　　　　　　　　　　　　　　　(b)

图 5-2-3　剖视的形成

为了在剖视图中分辨出机件内部的实心部分与空心部分，剖切面剖到的实心处（剖面区域）应画出剖面符号，而孔等空心处不画。剖面符号的样式与机件的材料有关，见表 5-2-1。

表 5-2-1　常见材料的剖面符号

材料名称	剖面符号	材料名称	剖面符号
金属材料（已有规定剖面符号者除外）		线圈绕组元件	
非金属材料（已有规定剖面符号者除外）		转子、变压器等的叠钢片	
型砂、粉末冶金、陶瓷、硬质合金等		玻璃及其他透明材料	
胶合板（不分层数）		格网（筛网、过滤网等）	
木材　纵剖面		液体	
木材　横剖面			

金属材料的剖面符号和不指明材料的通用剖面符号，是一组与水平成 45°角、间隔均匀、互相平行的细实线，称为剖面线。剖面线左、右倾斜均可，见图 5-2-3。在同一张图样上，相同机件的剖面线方向和间隔都应相同。

当机件的主要轮廓与水平方向成 45°角时，剖面线的倾斜角度应改为 30°或者 60°，而倾斜方向与间隔仍保持不变，如图 5-2-4 所示。

3. 画剖视图要注意的问题

① 剖视是假想的，因此，机件的一个视图画成剖视后不影响其他视图。如图 5-2-4 中，主视图取剖视后，前半部分被剖去，但在俯视图中，仍画出前半部分。

② 要明晰机件被剖部位的实心部分和空心部分，剖面符号只

图 5-2-4 剖面线的方向

画在实心部分，见图 5-2-3 和图 5-2-4 所示。但在剖切肋板、轮辐等结构时，若剖切面平行于肋板特征面或轮辐长度方向，肋板和轮辐不画剖面线，而用粗实线将它们与相邻部分隔开，如图 5-2-5 所示。

不画剖面线

(a)   (b)

图 5-2-5 剖切肋板

③ 剖视图（包括视图）中的不可见轮廓，若已在其他视图中表示清楚，图中的虚线应省略不画。如果使用少量虚线可减少视图数量，也可画出必要的虚线，如图 5-2-6 所示。

4. 剖视图的标注

(a)

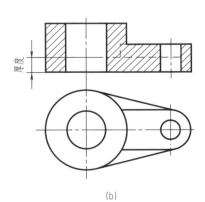

(b)

图 5-2-6 剖视图中的虚线

剖视图上方的"×—×"（×为大写拉丁字母）字样为剖视图的名称，标有与剖视图名称相同字母的粗短线（称剖切符号）处表示剖切位置，箭头表示投射方向，见图 5-2-4 所示。

下列情况，剖视图的标注可以简化或省略。

① 当剖视图按投影关系配置，中间没有其他图形隔开时，可省略箭头。

② 如符合上述条件，且剖切平面与机件的对称平面重合的全剖视与半剖视，以及剖切位置明显的局部剖视，则可以不标注。

二、剖视图的种类与投影分析

按剖切面剖切机件的多少，剖视图分为全剖视图、半剖视图和局部剖视图三种。

1. 全剖视图

用剖切面将机件完全剖开后画出的剖视图，称为全剖视图。在全剖视图中，零件朝向观察者的外形轮廓被剖去，剖视图中不再存在，所以全剖视图用于外形简单，或外形不必表达的机件。

如图 5-2-7 所示的机件，内部结构需要表达。因左面外形简单，故左视图画成全剖视，它由单一剖切面经机件左右对称面剖切，国家标准规定省略标注。在俯视图中，由于上部圆筒已在主视图和左视图中表达清楚，所以也画成全剖视图"A—A"。

(a)　　　　　　　　　　　　　(b)

图 5-2-7　全剖视图

2. 半剖视图

当机件对称或基本对称时，可以对称面为界，将视图的一半画成剖视图，另一半画成视图，得到的图形称为半剖视图。半剖视图中的剖视图与视图仍以细点画线为界。

半剖视图适应于内、外形状均需表达并对称（或基本对称）的机件。如图 5-2-8 所示，在主视图中，机件前面的凸台外形要保留，在俯视图中，顶板的形状要表达，两个视图都对称，又都要表达内部的孔，故画成半剖视图。

看半剖视图时，要利用对称关系，根据剖视的一半想象出机件的内部结构，根据视图的一半想象出外形。

3. 局部剖视图

用剖切面局部地剖开机件所画出的剖视图，称为局部剖视图。局部剖视图中用波浪线分开剖视图与视图两个部分。看图时，可根据剖视部分想象出机件的内部结构，根据视图部分

(a)　　　　　　　　　　　　　　(b)

图 5-2-8　半剖视图

想象出机件的外形。

局部剖视不受机件是否对称的限制，剖切位置与剖切范围较灵活，一般用于下列情况。

① 不对称机件的内外形状均需表达，如图 5-2-9 所示。

(a)　　　　　　　　　　　　　　(b)

图 5-2-9　局部剖视图

② 机件的局部有较小的孔、槽等结构，不宜用全剖视图时，改用局部剖视图表达，见图 5-2-8 所示主视图中顶板和底板上的小孔。

三、剖切面的数量和剖切方法

每个剖视图应尽量多地表达出机件的内部结构。为此，可使用一定数量的剖切面，按下述几种方法剖开机件。

1. 用单一剖切面剖开机件

这是最常用的一种剖切方法。剖切平面可与基本投影面平行（如前述示例），也可不平行于任何基本投影面。用不平行于任何基本投影面的平面剖开机件的剖切方法，称为斜剖。

如图 5-2-10 所示，剖视图 "$B—B$" 就是按斜剖画出的。斜剖所画的剖视图一般按投影

(a)

(b)

图 5-2-10 斜剖

关系配置，也可按需要将图形旋转摆正放置，但标注时应加旋转符号"⌒"。

2. 用几个平行的剖切面剖开机件

对内部结构较多，轴线又不位于同一平面的机件，可用几个平行的剖切面剖开机件，这种剖切方法称为阶梯剖。

如图 5-2-11 所示，剖视图"A—A"就是用三个相互平行的剖切面作阶梯剖画出来的。

(a)

(b)

图 5-2-11 阶梯剖

3. 两个相交的剖切面

对整体或局部有回转轴线的机件，可用相交的剖切面剖开机件，把剖到的有关结构旋转到与基本投影面平行的位置后再投射，即"先剖，后转，再投射"，这种剖切方法称为旋转剖。如图 5-2-12 所示，剖视图"A—A"采用的就是旋转剖。

四、剖视图的识读

识读剖视图，最终目的是要读懂机件的内外结构，下面通过两个示例，来学习如何分析和识读剖视图。

【例题 1】 分析如图 5-2-13 所示视图，想象机件的形状。

图 5-2-12　旋转剖

① 分析视图表达特点。图中采用三个视图：主视图用全剖视，剖切面过前后对称面，前半部分被剖去，不作标注；$A—A$ 也是全剖视，剖切面过圆柱轴线，左边被剖去；俯视图中有一处局部剖视，剖切面水平通过圆筒后部的小孔轴线。

② 想外形。根据给定视图，想象剖去部分的外形轮廓，用形体分析法分析零件的外部空间形状。改画后的视图如图 5-2-14 所示，零件分三部分：Ⅰ 为圆柱，Ⅱ 和 Ⅲ 可用各自的特征面（在俯视图上）沿竖直方向（垂直特征面）延伸得到立体形状，如图 5-2-15 所示。机件的整体外形如图 5-2-16 所示。

图 5-2-13　看剖视图示例一

图 5-2-14　外形分析

③ 分析内部形状。根据剖视部分，分析机件内部结构被完全剖开后的轮廓，想象出内部结构，如图 5-2-17（a）所示。由主视图结合俯视图可知，Ⅰ 中间有一上下贯通的竖直孔，后有一贯通的小孔。从剖视图 $A—A$ 看，Ⅰ 前面有一处空结构，与后面小孔相贯线比较，可看出这一结构是下部为半圆形的槽。Ⅰ 左部有一槽，连至 Ⅱ 的小孔上，槽宽与孔径相同。Ⅱ 上的小孔上下贯通。

④ 综合起来想形状。通过上面的分析，可总结归纳出零件的形状，如图 5-2-17（b）所示。

【例题 2】　根据图 5-2-18 给出的视图，分析机件的形状。

① 分析视图表达特点。图中采用五个视图：$B—B$ 为全剖视，采用旋转剖，剖切面可从俯视图中的剖切符号看出。俯视图为局部剖视，没有标注。$C—C$ 为全剖视，剖切面过顶

图 5-2-15　各部分的外形　　　　　　　　　　图 5-2-16　整体外形

(a) 内部形状分析　　　　　　　　　　(b) 零件整体形状

图 5-2-17　分析内部结构和整体形状

图 5-2-18　看剖视图示例二

板圆筒和后壁圆筒的轴线。向视图 D 由下向上看所得，表达机件下部形状。此外还有一局部剖视 $A—A$，表达底板上的小孔。

　　② 外形分析。改画外形视图如图 5-2-19 所示，零件分四部分：Ⅰ和Ⅱ可用俯视图中的

特征面，沿竖直方向延伸想象出形状。Ⅲ为圆柱，另外在Ⅱ后部还有一圆柱Ⅳ（结合仰视图
D 可看出，图中未画出），立体图如图 5-2-20 所示。

图 5-2-19　改画的视图　　　　　　　　　　　　　　图 5-2-20　零件外形

③ 内形分析。由 B—B 和俯视图看出，Ⅱ的顶部有一圆形和长圆形的组合孔，结合向
视图 D 可以看出，下部有一左圆右方的空腔，右部略有收窄，空腔往下，至底板Ⅰ再接一
较宽的空腔，形状也为左圆右方。顶板Ⅱ和后壁上的圆柱Ⅲ、Ⅳ都有一孔，右壁上有一柱形
沉孔。另外底板Ⅰ上还有四个孔，右面两孔用 A—A 和俯视图表达，如图 5-2-21 所示。

④ 综合起来想形状。根据上面的分析，综合想象出零件的形状，如图 5-2-22 所示。

图 5-2-21　零件内形分析　　　　　　　　　　　　图 5-2-22　零件的整体形状

任务二指导

一、基本步骤

1.分析机件的内外结构形状（如图 5-2-23 所示）

由给定的视图可知，该机件由以下四个部分组成。

① 长方体底板，长 66mm，宽 40mm，高 8mm；底板四周倒圆角，圆角半径为 R6；另
有 4 个 $\phi6$ 的圆柱孔，其长、宽方向的定位尺寸分别是 54mm、28mm。

② 底板上方有一个直径为 $\phi28$ 的垂直圆筒，其中分别有 $\phi12$ 和 $\phi20$ 的阶梯圆柱通孔，
圆筒上还有一个直径为 $\phi8$ 圆柱孔前后贯通。

③ 机件的左侧有一 $\phi20$ 的水平圆筒（内孔为 $\phi13$）与垂直圆筒相交。

④ 水平圆筒左端有一腰形板，其前后各有 1 个 $\phi8$ 圆柱孔，腰形板中间有一 $\phi13$ 的圆柱

图 5-2-23　机件的内外形状

孔与垂直圆筒内孔相通。

2．选择表达方法

① 主视图采用全剖的表达：用两个互相平行的剖切平面剖切，将底板上的 $\phi6$ 孔、垂直圆筒上 $\phi12$ 和 $\phi20$ 的阶梯通孔、腰形板和水平圆筒上 $\phi13$ 孔的内部结构表达清楚。其剖切位置在俯视图上标注，在主视图上方注出剖视图的名称 $A—A$。

② 俯视图采用半剖视表达：将腰形板上 $\phi8$、$\phi13$、$\phi20$ 孔的内部结构表达清楚，同时保留 $\phi12$ 孔的形状。

③ 左视图也采用半剖表达：以对称中心线为界，前面部分画剖视图，后面部分画视图，将垂直圆筒中 $\phi12$ 和 $\phi20$ 的阶梯孔、$\phi8$ 前后通孔内形表达清楚，同时保留腰形板的外部形状。

在半剖视图中，凡是已经表达清楚的内部结构虚线可省略。

3．画出相应的剖视图（如图 5-2-24 所示）

图 5-2-24　机件的表达方法

二、注意事项

① 注意剖切位置的选择，力求让剖切平面通过较多的内部结构。

② 剖切方法的选择，力求用最少、最简单的图形将机件完整、正确、清晰地表达出来。

③ 半剖视图的分界线用细点画线，在半剖视图中，凡是已经表达清楚的内部结构虚线省略。

④ 剖面线应是与机件的主要轮廓或剖面区域的对称线成45°角、间隔均匀、互相平行的一组细实线，同一机件在不同视图中剖面线应一致。

任务三　机件断面形状、其他表达方法

任务描述

① 根据给定的模型，如图5-3-1所示，分析轴的形状结构。

② 选择适当的表达方法，将给定轴的结构形状表达清楚。

图5-3-1　轴

任务分析

此轴的基本结构为阶梯圆柱，其上有键槽、退刀槽、中心孔等结构。用前面所学的视图、剖视图知识无法将轴的内外结构形状简洁地表达清楚，为此需掌握断面图、局部放大图的画法、标注以及常用的简化画法。

相关知识

● 机件断面形状的表达——断面图

● 机件局部结构的表达——局部放大图

● 常用简化画法

一、机件断面形状的表达——断面图

1. 断面图的概念

用剖切面将机件的某处切断，仅画出断面的形状，得到的图形称为断面图。

断面图相对于剖视图更为简洁，如图5-3-2所示。

2. 断面图的种类

断面图分为移出断面图和重合断面图两种。

（1）移出断面图

(a)立体图　　(b)视图　　(c)剖视图　　(d)断面图

图 5-3-2　剖视图与断面图比较

　　画在视图轮廓之外的断面图称为移出断面图，画图时应注意以下几点。

　　① 移出断面图的轮廓线用粗实线绘制，并尽量配置在剖切面的延长线上。断面图配置在其他位置时，要用大写拉丁字母标注，如图 5-3-3 中的"$A—A$"、"$B—B$"。

图 5-3-3　移出断面图

　　② 当剖切面通过由回转面形成的孔、凹坑等结构的轴线时，这些结构按剖视画出，如图 5-3-4 所示。

　　③ 当剖切面通过非圆孔，导致出现完全分离的两个断面时，这些结构应按剖视图绘制，如图 5-3-5 所示。

　　④ 若移出断面图由两个或多个相交的剖切平面剖切所得到，中间应断开，如图 5-3-6 所示。

　　⑤ 当断面图形对称时，可画在视图的中断处，如图 5-3-7 所示。

移出断面图用于断面形状复杂的机件。

（2）重合断面图

　　画在视图轮廓线内的断面图称为重合断面图。为了不影响视图的清晰，重合断面图的轮廓线用细实线绘制，并要求断面形状简单，如图 5-3-8 所示。

　　画重合断面图应注意，当视图的粗实线与断面图的细实线重合时，应按粗实线画出，如图 5-3-9 所示角钢的重合断面图。

图 5-3-4 按剖视绘制的断面图

图 5-3-5 非圆孔造成分离时的断面图

图 5-3-6 相交两剖切面所得的断面图

图 5-3-7 画在视图中断处的断面图

图 5-3-8 吊钩的重合断面图

图 5-3-9 角钢的重合断面图

3．断面图的标注

① 移出断面一般用剖切符号表示剖切位置，用箭头表示投射方向，并注上大写拉丁字母，在断面图的上方用相同的字母注出名称"×—×"。

② 配置在剖切符号延长线上的移出断面，可省略字母；重合断面剖切位置明确，不标字母；对称的移出断面（以剖切符号延长线方向为对称线方向）可省略箭头，见图 5-3-3。

二、机件局部结构的表达——局部放大图

机件上有些细小的结构，在视图中可能表达不够清楚，同时又不便于标注尺寸。对这部分结构，可用大于原图所采用的比例绘出，画得的图形称为局部放大图。

局部放大图可根据需要画成视图、剖视图、断面图的形式。所采用的比例，是根据结构表达的需要确定的。

画局部放大图时，要用细实线在视图上圈出被放大的部位，并尽量将局部放大图配置在被放大部位附近，在局部放大图上方标出使用的比例。当图样中有几处被放大部位时，应按图 5-3-10 所示的方法标出。

三、常用简化画法

1. 机件上的肋、轮辐等结构的画法

① 纵向剖切机件的肋、轮辐、薄壁时，这些结构不画剖面符号，并用粗实线将它们与邻接部分分开，如图 5-3-11 所示。

图 5-3-10　局部放大图

图 5-3-11　纵向与横向剖切肋板的画法

② 当回转类零件上均匀分布的肋、轮辐、孔等结构不处于剖切面上时，可将这些结构旋转到剖切面上画出，如图 5-3-12 所示。

图 5-3-12　均匀分布孔和肋的画法

2. 相同结构要素的简化画法

① 机件上相同的结构（如齿、槽等）按一定规律分布时，只需画出几个完整的结构，其余用细实线连接，但要在图上注明该结构的总数，如图 5-3-13 所示。

② 直径相同并按规律分布的孔（圆孔、螺孔、沉孔等），可画出一个或几个，其余用点画线画出中心位置，注明孔的总数，如图 5-3-14 所示。

图 5-3-13　相同结构的简化画法

图 5-3-14　相同要素的简化画法

③ 网状物、编织物或机件上的滚花部分，可在轮廓线附近用细实线示意画出，如图 5-3-15所示。

图 5-3-15　网状物及滚花的示意画法

3. 机件上交线和投影的简化画法

① 图形中的过渡线、相贯线，在不致引起误解时，可用圆弧或直线代替非圆曲线，如图 5-3-16 所示。

② 倾斜角度小于或等于 30°的斜面上的圆或圆弧，其投影可用圆或圆弧代替，如图 5-3-17所示。

③ 型材（角钢、工字钢、槽钢）中小斜度的结构可按小端画出，如图 5-3-18 所示。

4. 平面的简化画法

当图形中不能充分表示平面时，可用平面符号（相交的细实线）表示。如其他视图已经

图 5-3-16　过渡线、相贯线的简化画法

图 5-3-17　倾斜圆的规定画法

图 5-3-18　小斜度结构的规定画法

图 5-3-19　平面的表示

把这个平面表示清楚，则平面符号允许省略不画，如图 5-3-19 所示。

5. 较长机件的简化画法

较长的机件（轴、杆、型材等）沿长度方向的形状一致或按一定规律变化时，可断开绘

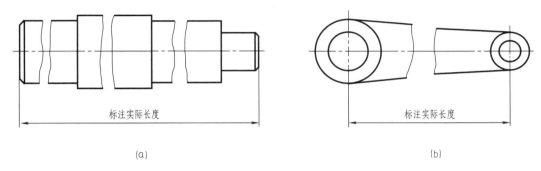

图 5-3-20　断开的规定画法

制，如图 5-3-20 所示。

6. 对称机件的简化画法

对称机件的视图可只画一半或四分之一，在对称线的两端应画出两条与其垂直的平行细实线，如图 5-3-21 所示。

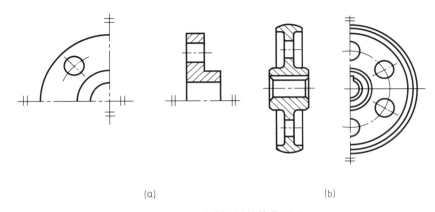

图 5-3-21　对称视图的简化画法

任务三指导

一、基本步骤

① 分析轴的结构，选择表达方法。由图 5-3-1 可知，该轴的主体由七段圆柱组成；左段前部有一键槽，左端下部有一 $\phi 3\text{H}7$ 的小孔；右段前、后部各有一键槽；轴的左、右端分别有一中心孔；另有倒角、倒圆、退刀槽等结构。

要将该轴的结构表达清楚，可选择一个主视图、两个断面图和两个局部放大图Ⅰ、Ⅱ表达。轴线水平放置，主视图表达了轴的主体结构，因该轴中间段沿长度方向的形状一致且较长，故采用断开后缩短绘制；左、右段的键槽形状可从主视图上看出，键槽深度则由两个断面图表达；轴的左端下部的小孔由局部放大图Ⅰ表达；退刀槽的结构由局部放大图Ⅱ表达。

② 确定表达方案，画出轴的相应视图，如图 5-3-22 所示。

二、注意事项

① 理解断面图的概念，注意断面图与剖视图的区别。

② 注意断面图、局部放大图的画法及标注。

③ 根据机件结构灵活选用简化画法。

2×CM6

I
1:1

II
1:1

图 5-3-22　轴的表达

任务四　表达方法的综合应用

任务描述

① 根据图 5-4-1 给定的支架模型，分析其形状结构。

图 5-4-1　支架的立体图

② 选择适当的表达方法，将支架的内外结构表达清楚。

任务分析

该支架的形状结构较为复杂，在表达这些结构时，需要有针对性地采用多种表达方法。因此，要将支架内外形状结构表达得完善和简练，需能灵活运用各种表达方法。

相关知识

● 表达方案综合分析

在选择表达方法时，应以表达清楚机件上的所有结构为目的，并力求表达得简练。在表达一个结构时，一般必须把该结构的形状画出，然后视情况加画另一个视图，就可表达清楚该结构。如图 5-4-1 中的底板及其两端的槽，其形状只能从俯视图上看出，故这两个结构必须画出俯视图，再加上另外一个视图才能表达清楚。

现以图 5-4-2 所示的箱体为例分析如何选择表达方法。

1. 形体分析

图 5-4-2 箱体的立体图

该箱体主要由底板 A 及壳体 B 两部分组成。底板形状一端为半圆形，另一端为带圆角的方形。底板边缘有四个圆孔，其中右边的两圆孔孔径较大。

壳体 B 壁厚不匀，半圆形部分的壁比方形一端的壁薄。在壳体上共有四处不同结构的孔。F 为上、下两端有凸台的圆孔，G 为柱形沉孔，H 为内侧有凸台的圆孔，E 为圆孔和长圆孔的组合孔，如图 5-4-2 所示。

该箱体内外形状都比较复杂，因此需要选择能清晰反映箱体内外形状的表示方法。

2. 选择主视图

为了清晰表达箱体的内部结构形状，主视图采用 A—A 全剖视图（两个相交的剖切平面）。它不但清晰地表示出底板及壳体的壁厚，同时又反映出壳体上 G、F 、E 各孔及底板 C 孔的断面形状，如图 5-4-3 所示。

图 5-4-3 箱体的表达方案

3. 确定其他视图

选择俯视图用来表达底板和壳体的外观轮廓特征（形状）。同时采用局部剖反映出 H 、G 孔在壳体上所处的位置和壳体壁厚变化情况。

选择 C—C 全剖的左视图，来表达底板和壳体的前后壁厚和铸造圆角等内外形状。选择仰视图用来表达底板周边带凸缘平面的形状及壳体内腔形状。

采用 B—B 局部剖用来表达 D 孔的断面形状，如图 5-4-3 所示。

任务四指导

一、基本步骤

1. 形体分析

如图 5-4-4（a）所示，支架主要由底板、圆筒和工字形板三个主要部分组成。同时在圆筒上有一个凸台和斜交耳板。

(a) 支架的立体图　　　　　　　　　　　　　(b) 支架的表达方法

图 5-4-4　支架的表达方案分析

2. 选择主视图

主视图应能明显地反映出机件的内外主要形状特征，并兼顾其他视图的清晰性。

图 5-4-4（a）中，从 a 、c 两个投射方向观察都能反映支架结构特征，但考虑其他视图的表示，选择 a 投射方向为好。

3. 确定其他视图

当主视图选定后，一般先考虑俯、左视图的选择。俯视图采用 A—A 剖视图，可清晰地表达出工字形板的断面形状和底板形状。

左视图取 C—C 剖视，用来表达圆筒与凸台孔内形，同时也表达了凸台、圆筒、工字形板以及底板之间的连接关系和相互位置关系。

最后采用 D 向局部视图和 B—B 斜方向局部剖视图，可以清楚地表达凸台的外形、斜交耳板的厚度和小圆孔的内形。

通过以上表达方法的选择，便能把支架的结构形状表达得完整、清晰，如图 5-4-4（b）所示。

二、注意事项

① 在选择表达方案时，有时由于机件形状复杂，需增加视图数量；有时为了画图和看

图方便，需采用各种辅助视图。机件的表达方案有很多种，应尽可能采用最简单的视图将机件完整、清晰地表达出来。

② 画图时应注意向视图、局部视图和斜视图的配置及标注。

任务五 用 AutoCAD 绘制零件的视图

任务描述

将图 5-2-24 所示的机件用 AutoCAD 画出，并标注尺寸（尺寸见图 5-2-1）。

任务分析

在本任务中，我们再来掌握用 AutoCAD 绘制剖面线、波浪线、倒角、圆角的方法。

相关知识

● 图案填充

● 样条曲线

● 倒角、圆角

一、图案填充

AutoCAD 中图案填充的应用非常广泛，例如在工程图中，图案填充用于表达剖切区域，不同的零件或材料，其图案也不同。

单击工具图标 ![图标]（或选择菜单"绘图→图案填充"），弹出"图案填充和渐变色"对话框，如图 5-5-1 所示。

图 5-5-1 "图案填充和渐变色"对话框

1. "图案填充"选项卡

"类型"下拉列表框：用于设置填充的图案类型，包括"预定义、用户定义、自定义"

3 种。

"图案"下拉列表框：从该下拉列表框中根据图案名来选择图案，也可以单击其后的

[...]按钮，打开"填充图案选项板"对话框进行选择，如图 5-5-2 所示。

图 5-5-2　填充图案选项板

"样例"预览窗口：用于显示当前选中的图案样例。单击所选取的样例图案，也可以打开"填充图案选项板"对话框，供用户选择图案。

"角度"下拉对话框：用于设置填充的图案旋转角度，每种图案在定义时的旋转角度都为零。

"比例"下拉对话框：用于设置图案填充时的比例值。每种图案在定义时的初始比例为 1∶1，用户可以根据需要放大或缩小。

2. "渐变色"选项卡

在 AutoCAD2008 中使用"渐变色"选项卡，可以使用一种或两种颜色形成的渐变色来填充图形，如图 5-5-3 所示。"单色"是指从选定的颜色渐变到白色；"双色"是指从选定的一种颜色渐变到选定的另一种颜色。使用"渐变色"填充的效果如图 5-5-4 所示。

3. 其他参数的设置

在边界图案填充对话框中使用"拾取点"、"选择对象"、"继承特性"等选项，可以选择填充区域以及进行其他的相关参数的设置。

① "添加：拾取点"按钮：单击可以以拾取点的形式来指定填充区域的边界，这种方式指定的填充区域必须是封闭的，如图 5-5-5（a）所示。

② "添加：选择对象"按钮：单击该按钮切换到绘图窗口，可以通过选择对象的方式来定义填充区域的边界，如图 5-5-5（b）所示。

③ "继承特性"按钮：从已有的图案填充对象设置将要填充的图案填充方式。

④ "预览"按钮：单击该按钮可以预览填充效果，以便用户调整填充设置。

二、样条曲线（SPLINE）

样条曲线是由一组点定义的光滑曲线。在 AutoCAD 中，使用样条曲线一般用于创建形

图 5-5-3　边界图案填充对话框
中的"渐变色"选项卡

图 5-5-4　使用"渐变色"的填充效果

(a)　　　　　　　　　　　　　　(b)

图 5-5-5　用"拾取点"和"选择对象"找出的填充区域

状不规则的曲线，例如机械图中的波浪线等，如图 5-5-6 所示。

图 5-5-6　样条曲线的应用

　　单击工具图标 ～（或选择菜单"绘图→样条曲线"），启动样条曲线命令后，出现如下提示：

命令：_spline

指定第一个点或［对象（O）］：（单击鼠标指定一点）

指定下一点：（单击鼠标指定一点）

指定下一点或［闭合（C）/拟合公差（F）］〈起点切向〉：（单击鼠标指定一点）

指定下一点或［闭合（C）/拟合公差（F）］〈起点切向〉：（单击鼠标指定一点）

指定下一点或［闭合（C）/拟合公差（F）］〈起点切向〉：（单击鼠标指定一点）

指定下一点或［闭合（C）/拟合公差（F）］〈起点切向〉：（单击鼠标指定一点）

指定下一点或［闭合（C）/拟合公差（F）］〈起点切向〉：（单击鼠标指定一点）

指定下一点或［闭合（C）/拟合公差（F）］〈起点切向〉：（回车,结束输入点）

指定起点切向：（指定起点的切向方向）

指定端点切向：（指定终点的切向方向,同时操作结束）

三、圆角和倒角

1. 圆角（FILLET）

圆角是按照指定的半径创建一条圆弧段，光滑地连接两个对象。

【例题 1】将图 5-5-7（a）修改为图 5-5-7（b）所示的图形。

（a）圆角前　　　　　　（b）用"修剪"选项圆角　　　　　　（c）用"不修剪"选项圆角

图 5-5-7　圆角

单击工具图标 （或选择菜单 "修改→圆角"），启动圆角命令后，将出现如下提示：

命令：_fillet

当前设置：模式 = 修剪,半径 = 0.0000

选择第一个对象或［放弃(U)/多段线(P)/半径(R)/修剪(T)/多个(M)］：r(修改半径)

指定圆角半径〈0.0000〉：5(指定新的半径值)

选择第一个对象或［放弃(U)/多段线(P)/半径(R)/修剪(T)/多个(M)］：(单击选取第一个对象)

选择第二个对象,或按住 Shift 键选择要应用角点的对象：(单击选取第二个对象,完成修改)

各选项说明如下。

① 多段线（P）：在多段线每个顶点处建立圆角。

② 半径（R）：指定圆角半径。

③ 修剪（T）：控制系统是否修剪选定的边到圆角弧的端点。系统默认设置为修剪选定的边到圆角弧的端点。图 5-5-7（c）为不修剪时的效果。

④ 多个（M）：当有多处需要圆角时，选择该选项。

2. 倒角（CHAMFER）

倒角是连接两个非平行的对象，通过延伸或修剪使之相交或用斜线连接。

【例题2】　将图 5-5-8（a）修改为图 5-5-8（b）所示的图形。

图 5-5-8　倒角

单击工具图标 ⚞ （或选择菜单"修改→倒角"），启动倒角命令后，将出现如下提示：

CHAMFER

（"修剪"模式）当前倒角距离1＝0.0000,距离2＝0.0000

选择第一条直线或［放弃（U）/多段线（P）/距离（D）/角度（A）/修剪（T）/方式（E）/多个（M）］：d（修改倒角距离）

指定第一个倒角距离〈0.0000〉：2（回车）

指定第二个倒角距离〈2.0000〉：（回车）

选择第一条直线或［放弃（U）/多段线（P）/距离（D）/角度（A）/修剪（T）/方式（E）/多个（M）］：（单击选取第一条要倒角的直线）

选择第二条直线，或按住 Shift 键选择要应用角点的直线：（单击选取第二条要倒角的直线）

用同样的方法完成另一个倒角。

选项说明如下。

① 距离（D）：设置倒角至选定边端点的距离。

② 角度（A）：通过第一条线的倒角距离和第二条线的角度设置倒角距离。

③ 修剪（T）：控制系统是否将选定边修剪到倒角线端点，系统默认设置为将选定边修剪至倒角线端点。

④ 多个（U）：当有多处需要倒角时，选择该选项。

用直线命令连接 1、2 两点后，完成的图形如图 5-5-8（b）所示。

任务五指导

一、绘图步骤

① 用 AutoCAD 绘制如图 5-2-1 所示的三视图，建立剖面线层。

② 用修剪、删除命令删去被剖切部分的多余轮廓线（粗实线），如图 5-5-9 所示。

③ 利用图层操作，选中虚线后切换到粗实线层，将剖出部分的虚线改为粗实线，同时删除不必要的虚线，如图 5-5-10 所示。

④ 用图案填充命令绘制剖面线，画剖切符号并标注，如图 5-5-11 所示。

⑤ 标注尺寸（略）。

二、注意事项

① 填充区域应该封闭，否则会出现"边界定义错误"的对话框警告，无法填充。

图 5-5-9　删去、修剪多余轮廓线

图 5-5-10　改虚线为粗实线、删去多余虚线

图 5-5-11　绘制剖面线

②　样条曲线绘制完成后，会询问你是否要指定起点和端点的切线。如果不需要特别指出，则按回车就可以了。如果需要指定起点和端点的切线方向，只要根据命令行提示，移动鼠标到合适的位置，分别单击即可。

③　在进行圆角操作时，我们经常把半径设置为 0，用这种方法能让两直线相交，可以取得修剪或延伸命令所能实现的效果。

单元六　标准件与常用件

任务一　螺纹连接件连接的画法

任务描述

　　① 按比例画法，选择合适的螺栓、螺母、垫圈连接如图 6-1-1 所示的两零件（比例 1∶1，主视图为全剖视，俯、左视图为视图）。

　　② 参照标准件的标记示例写出选定的螺栓、螺母、垫圈的标记。

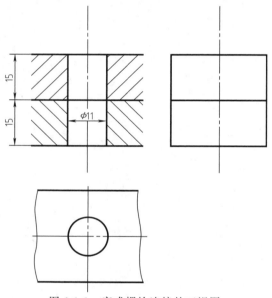

图 6-1-1　完成螺栓连接的三视图

任务分析

　　任务一中螺栓、螺母、垫圈属于标准件，其形状和结构都已标准化，国家标准规定了相应的画法。要完成此任务，需掌握螺纹、螺纹紧固件、螺纹紧固件连接的规定画法及查阅螺纹紧固件参数的方法。

相关知识

　　● 螺纹
　　● 螺纹紧固件
　　● 螺纹紧固件连接

　　在机械设备中广泛使用的螺栓、螺母、螺钉、垫圈、键、销、滚动轴承等，其结构和尺寸都已标准化，这样的零部件称为标准件；而齿轮、弹簧等部分结构和尺寸标准化的零部件称为常用件。本单元主要介绍标准件和常用件的规定画法、标记和标注。

一、螺纹

1. 螺纹的形成

螺纹是在圆柱或圆锥面上，沿着螺旋线形成的具有特定断面形状（如三角形、梯形、锯齿形等）的连续凸起和沟槽。加工在圆柱或圆锥外表面上的螺纹称为外螺纹；加工在圆柱孔或圆锥孔上的螺纹称为内螺纹。

常见的螺纹加工方法有车床车削（图 6-1-2）和丝锥攻丝（图 6-1-3）两种。

(a) 车外螺纹　　　　　　　　　　(b) 车内螺纹

图 6-1-2　车削螺纹

2. 螺纹的基本要素

螺纹的基本要素包括牙型、公称直径、旋向、线数、螺距和导程等。

（1）牙型

过螺纹轴线作剖切，螺纹的断面轮廓形状称为牙型。标准螺纹的牙型有三角形、梯形和锯齿形，非标准螺纹有方牙螺纹，参见表 6-1-2。

（2）公称直径

螺纹直径有大径、中径和小径之分，如图 6-1-4 所示。

① 大径。是指与外螺纹牙顶或内螺纹牙底相切的假想圆柱或圆锥的直径。外螺纹大径用 d 表示，内螺纹的大径用 D 表示，螺纹的大径称为公称直径。

② 小径。是指与外螺纹牙底或内螺纹牙顶相切的假想圆柱或圆锥的直径。外螺纹小径用 d_1 表示，内螺纹小径用 D_1 表示。

图 6-1-3　加工小直径内螺纹

图 6-1-4　螺纹的结构名称及基本要素

③ 中径。是指一个假想圆柱或圆锥的直径，该圆柱或圆锥的母线通过牙型上沟槽和凸起宽度相等的地方。外螺纹的中径用 d_2 表示；内螺纹中径用 D_2 表示。

（3）线数（n）

形成螺纹的螺旋线条数称为线数。沿一条螺旋线形成的螺纹称为单线螺纹，如图 6-1-5（a）所示；沿两条或两条以上且在轴向等距分布的螺旋线形成的螺纹称为多线螺纹，如图 6-1-5（b）所示。从螺纹零件的端部看，线数多于 1 的螺纹，每条螺纹的开始位置不同，由螺纹的头数可看出螺纹的线数多少。

(a) 单线　　　　　　　(b) 双线

图 6-1-5　线数、导程与螺距

（4）螺距与导程

螺纹上相邻两牙对应两点间的轴向距离称为螺距（用 P 表示）。同一条螺纹上相邻两牙对应两点间的轴向距离称为导程（P_h），参见图 6-1-5。导程与螺距、线数三者的关系是：

图 6-1-6　螺纹旋向的判定

$$P_h = Pn$$

（5）旋向

螺纹的旋向有左旋和右旋两种。顺时针旋进的螺纹为右旋，逆时针旋进的螺纹为左旋。将外螺纹竖放，右旋螺纹的可见螺旋线左低右高，而左旋螺纹的可见螺旋线左高右低，如图 6-1-6 所示。

在螺纹的诸要素中，牙型、大径和螺距是决定螺纹结构的最基本的要素，称为螺纹三要素。凡螺纹三要素符合国家标准的，称为标准螺纹；仅牙型符合国家标准的，称为特殊螺纹；连牙型也不符合国家标准的，称为非标准螺纹。

3. 螺纹的规定画法

螺纹的真实投影难以画出，国家标准规定了螺纹的简化画法，见表 6-1-1。作图时应注意以下几点。

① 可见螺纹的牙顶线和牙顶圆用粗实线表示。

② 可见螺纹的牙底线和牙底圆用细实线表示，其中牙底圆只画 3/4 圈。

③ 可见螺纹的终止线用粗实线表示，其两端应画到大径处为止。

表 6-1-1　螺纹的规定画法

④ 在剖视图或断面图中，剖面线两端都应画到粗实线为止。

⑤ 不可见螺纹的所有图线都画虚线。

4．螺纹的种类

螺纹按不同的分类法有许多种。

从螺纹的结构要素来分，按牙型分有三角形螺纹、梯形螺纹、锯齿形螺纹和方牙螺纹；按线数分有单线螺纹和多线螺纹；按旋向分有左旋螺纹和右旋螺纹。

从螺纹的使用功能来分，可把螺纹分为连接螺纹和传动螺纹。

从螺纹是否符合国家标准来分，可把螺纹分为标准螺纹、非标准螺纹和特殊螺纹。

常用的标准螺纹见表 6-1-2。

表 6-1-2　标准螺纹的种类与标记

螺纹种类	特征代号	牙型略图	标记说明	标注示例
连接螺纹	M（粗牙普通螺纹 / 细牙普通螺纹）		M12-5g6g └ 中径和顶径的公差带代号 └ 公称直径（大径） └ 特征代号 （右旋螺纹不注旋向） M16×1-6h └ 中径和顶径的公差带代号（相同） └ 螺距 └ 公称直径（大径） └ 特征代号	
	G（非螺纹密封的管螺纹）		G1A └ 公差等级代号 └ 尺寸代号（单位为英寸） └ 特征代号	
传动螺纹	Tr（梯形螺纹）		Tr36×12(P6)-7H └ 公差带代号 └ 螺距 └ 导程 └ 公称直径 └ 特征代号	
	B（锯齿形螺纹）		B70×10LH-7c └ 公差带代号 └ 左旋 └ 螺距 └ 公称直径 └ 特征代号	

5. 螺纹的标注方法

（1）螺纹的标记

由于螺纹采用了简化画法，没有表达出螺纹的基本要素和种类，因此需要用螺纹的标记来区分，国家标准规定了螺纹的标记和标注方法。

一个完整的螺纹标记由三部分组成，其格式为：

$$\boxed{\text{螺纹代号}}-\boxed{\text{公差带代号}}-\boxed{\text{旋合长度代号}}$$

① 螺纹代号。

螺纹代号的内容及格式为：$\boxed{\text{特征代号}}$ $\boxed{\text{尺寸代号}}$ $\boxed{\text{旋向}}$

特征代号见表 6-1-2 所示，如普通螺纹的特征代号为 M，非螺纹密封的管螺纹特征代号为 G。

单线螺纹的尺寸代号为：　公称直径 × 螺距

多线螺纹的尺寸代号为：　公称直径 × 导程（P 螺距）

米制螺纹以螺纹大径为公称直径；管螺纹以管子的公称通径为尺寸代号，单位为英寸。

旋向：左旋螺纹用代号"LH"表示，右旋螺纹不标旋向代号。

② 公差带代号。由公差等级（用数字表示）和基本偏差（用字母表示）组成。表示基本偏差的字母，内螺纹为大写，如 6H；外螺纹为小写，如 5g、6g。管螺纹只有一种公差带，故不注公差带代号。

③ 旋合长度代号。旋合长度有长、中、短三种规格，分别用代号 L、N、S 表示，中等旋合长度应用最多，在标记中可省略 N。

（2）螺纹的标注

① 米制螺纹的标注。按一般尺寸标注的方式，把螺纹标记直接标注在尺寸线或其引出线上。注意，不论是内螺纹还是外螺纹，尺寸界线均应从大径引出。

② 管螺纹的标注。标注管螺纹时，应先从管螺纹的大径线、尺寸线或尺寸界线处画引出线，然后将螺纹的标记注写在引出线的水平线上。

标准螺纹的种类与标注，见表 6-1-2。

③ 非标准螺纹的标注。非标准螺纹的牙型数据没有资料可查，因此，在图样上除了按标准螺纹的画法画出非标准螺纹外，还应画出牙型的放大图，并详细地标注有关尺寸，如图 6-1-7 所示。

图 6-1-7　非标准螺纹的标注

二、螺纹紧固件

螺纹紧固件用于两个零件间的可拆连接，常见的螺纹紧固件有螺栓、螺柱、螺钉、螺母和垫圈等，如图 6-1-8 所示。

螺纹紧固件属于标准件，其结构和尺寸可根据其标记，在有关标准手册中查出。几种常见螺纹紧固件的图例及标记格式见表 6-1-3。

三、螺纹紧固件连接

螺纹紧固件的连接形式有：螺栓连接、螺柱连接和螺钉连接。

画螺纹紧固件连接图时，为了方便作图，通常按各部分尺寸与螺纹大径 d 的比例关系近似画出。

1. 螺栓连接

螺栓连接是将螺栓穿入两个被连接零件的光孔中，套上垫圈，旋紧螺母，如图 6-1-9（a）所示。这种连接方式用于连接两个厚度不大的零件。

开槽盘头螺钉　　　内六角圆柱头螺钉　　　十字槽沉头螺钉　　　开槽锥端紧定螺钉

六角头螺栓　　　　　　　　螺柱　　　　　　　　六角螺母

六角开槽螺母　　　　　　　平垫圈　　　　　　　弹簧垫圈

图 6-1-8　常见的螺纹紧固件

表 6-1-3　螺纹紧固件的简图和标记示例

名　称	图　例	标记格式及示例	示　例　说　明
六角头螺栓		名称　标准编号 螺纹代号×长度 螺栓　GB/T 5780 M16×90	螺纹规格 $d=$ M16mm,公称长度 $l=$ 90mm,性能等级为 4.8 级,不经表面处理,杆身半螺纹的 C 级六角头螺栓
螺母		名称　标准编号　螺纹代号 螺母　GB/T 41　M12	螺纹规格 $D=$ M12mm,性能等级为 5 级,不经表面处理的 C 级六角螺母
双头螺柱		名称　标准编号　类型 螺纹代号×长度 螺柱　GB/T 899 M10×40	两端均为粗牙普通螺纹,$d=$ M10mm,$l=$40mm,性能等级 4.8 级,B 型("B"省略不标),$b_m=1.5d$ 的双头螺柱

续表

名　称	图　　例	标记格式及示例	示　例　说　明
平垫圈		名称　标准编号 公称尺寸-性能等级 垫圈　GB/T 95 10-100HV	标准系列、公称尺寸 $d=10\text{mm}$，性能等级为 100HV 级，不经表面处理的平垫圈
螺钉		名称　标准编号 螺纹代号×长度 螺钉　GB/T 67　M10×40	螺纹规格 $d=\text{M10mm}$，公称长度 $l=40\text{mm}$，性能等级为 4.8 级，不经表面处理的开槽盘头螺钉

(a) 立体图　　　　(b) 螺栓连接的画法　　　　(c) 螺栓连接的简化画法

图 6-1-9　螺栓连接的画法

　　螺栓连接的画法如图 6-1-9(b)、(c) 所示。螺栓、螺母和垫圈的尺寸与螺纹公称直径的近似比例关系见表 6-1-4。

表 6-1-4　螺栓、螺母和垫圈各部分的比例关系

紧固件名称	螺　栓	螺　母	平　垫　圈
尺寸比率	$b=2d$　$k=0.7d$　$c\approx0.15d$	$m=0.8d$	$h=0.15d$
	$e=2d$　$R=1.5d$　$R_1=d$　r、s 由作图决定		$D=2.2d$

　　画螺栓连接图时应注意以下几点。

　　① 在主视图和左视图中，剖切面过轴线剖切标准件，螺栓、螺母和垫圈按不剖画出。

　　② 被连接件的光孔（直径 d_0）与螺杆之间为非接触面，应画出间隙（可近似取 $d_0=1.1d$）。

　　③ 在主视图和左视图中，螺杆的一部分牙顶线被螺母和垫圈遮住，两被连接件的接触面也有一部分被螺杆遮住，这些被遮住的图线应擦去。

作图时还应注意，螺栓的末端应伸出螺母的端部 $(0.3\sim0.5)d$，以保证在螺纹连接后不至于太短而削弱连接强度，或者螺杆伸出太长不便于装配，要合理设计螺栓的长度。螺栓的长度可按下式进行计算

$$l=\delta_1+\delta_2+h+m+(0.3\sim0.5)d$$

计算出 l 之后，还要从螺栓标准中查得符合规定的标准长度。

【例题】 $\delta_1=10$，$\delta_2=20$，螺纹的公称直径为 10mm，确定螺栓的长度。

解：
$$l=\delta_1+\delta_2+h+m+(0.3\sim0.5)d$$
$$=10+20+0.95\times10+0.5\times10=44.5\ (mm)$$

查附表 3 可知，螺栓的公称长度 l 的商品规格范围为 $40\sim100$，计算出的长度在这一范围内，说明可以选定标准长度。从表中的 l 系列中，查得与 44.5 接近的值为 45mm，因此螺栓的公称长度应取为 $l=45mm$。

2. 螺柱连接

螺柱连接是将螺柱的一端，旋入一厚度较大零件的螺孔中，另一端穿过一厚度不大零件的光孔，套上垫圈，旋紧螺母，如图 6-1-10(a) 所示。螺柱连接用于两个被连接件中，有一个零件的厚度较大，或不允许钻通孔，且经常需要拆卸的零件间的连接。

在装配图中，螺柱连接可用简化画法，如图 6-1-10(b) 所示。画图时应注意以下几点。

① 螺柱的旋入端长度 b_m 按被连接件的材料选取（钢取 $b_m=d$；铸铁或铜取 $b_m=1.25d\sim1.5d$；铝等轻金属取 $b_m=2d$）。螺柱其他部分的比例关系，可参照螺栓的连接部分选取。

② 图中的垫圈为弹簧垫圈，有防松的作用。画弹簧垫圈时，开口采用粗线（线宽约 $2d$，d 为粗实线的宽度）从左上方向右下方绘制，与水平成 60°角。比例关系为：$h=0.2d$，$D=1.3d$。

(a) 立体图　　　　　(b) 螺柱连接的画法

图 6-1-10　螺柱连接的画法

③ 旋入端的螺纹终止线应与接触面对齐，表示旋入端的螺纹全部旋入螺孔中。

④ 螺孔深度应大于螺柱旋入端的长度，螺孔深取 $b_m+0.5d$，孔深取 b_m+d。

⑤ 公称长度按下式计算后再标准化

$$l=\delta+h+m+(0.3\sim0.5)d$$

3. 螺钉连接

螺钉连接是将螺钉穿过一厚度不大零件的光孔，并旋入另一个零件的螺孔中，将两个零件固定在一起。螺钉连接主要用于受力不大且不经常拆卸的两零件间的连接。

螺钉按用途可分为连接螺钉和紧定螺钉两类。连接螺钉的装配画法如图 6-1-11 所示，需注意以下几个问题。

(a) 立体图　　　　　　　　　　　　　(b) 螺钉连接的画法

图 6-1-11　螺钉连接

① 螺钉上的螺纹终止线应高于两零件的接触面，以保证两个被连接的零件能够被旋紧。

② 螺钉头部的开槽用粗线（宽约 $2d$，d 为粗实线线宽）表示，在垂直于螺钉轴线的视图中一律向右倾斜 45° 画出。

③ 被连接件上螺孔部分的画法与双头螺柱相同。

几种螺钉头部的比例关系如图 6-1-12 所示。

紧定螺钉用于定位，其画法如图 6-1-13 所示。

(a)　　　　　　　　　　(b)　　　　　　　　　　(c)

图 6-1-12　螺钉头部的比例关系

(a) 连接前　　　　　　　　　　　(b) 连接后

图 6-1-13　紧定螺钉连接

任务一指导

一、绘图步骤

① 根据此任务给定的孔径，查阅附表，选择合适的螺纹公称直径 M10。

② 计算螺栓的长度，可按下式进行计算

$$l=\delta_1+\delta_2+h+m+(0.3\sim0.5)d$$

计算出 l 之后，从螺栓标准中查得符合规定的长度。

③ 参照螺栓等标准件的标记示例写出选定的螺栓、螺母、垫圈的标记。

④ 按螺栓连接的比例画法，画出螺栓连接图，如图 6-1-14 所示。

图 6-1-14　螺栓连接图

二、注意事项

① 计算出螺栓的长度 l 之后，应根据国家标准规定，选取与计算的 l 值相等或略大的 l 系列值。

② 绘制螺栓连接图时，注意螺栓孔与螺杆的表面不接触，应画两条线，相邻两零件的剖面线方向应相反。

③ 剖切平面通过紧固件轴线的视图中，螺栓、螺母和垫圈按不剖绘制。

④ 螺栓孔中接触面的粗实线应画到螺杆为止。

任务二　齿轮和键连接综合测绘

任务描述

给定如图 6-2-1 所示的实物模型进行测绘，画出齿轮啮合及键连接图。

图 6-2-1　齿轮啮合及键连接

任务分析

齿轮传动是机器中常见的传动形式，齿轮的轮齿形状复杂，作图困难，因此，国家标准规定了其画法；键连接是机器中使用广泛的连接形式，其中的键属于标准件，在画连接图时，要熟练查出其相关参数。熟练掌握齿轮啮合和键连接图的绘制，对今后学习绘制装配图有很大的帮助。

相关知识

● 键、销
● 齿轮
● 滚动轴承
● 弹簧

一、键与销

1. 键

键常用来连接轴和轮，在两者之间传递运动或动力，如图 6-2-2 所示。

键是标准件，其型式有许多，常用的有普通平键、半圆键和钩头键，如图 6-2-3 所示。

普通平键应用最广，按形状分为 A 型（两端为圆头）、B 型（两端为平头）和 C 型（一端为圆头、另一端为平头）三种。

普通平键、半圆键和钩头楔键的画法与标记见表 6-2-1。

(a) 普通平键连接	(b) 半圆键连接	(c) 钩头楔键连接

图 6-2-2　键连接

A型　　B型　　C型		
(a)普通平键	(b)半圆键	(c)钩头楔键

图 6-2-3　键的型式

表 6-2-1　常用键的型式、画法与标记

名称	图　例	标　记
普通平键		圆头普通平键(A 型)$b=8mm, h=7mm, l=25mm$： 键　8×25　GB/T 1096 平头普通平键(B 型)$b=16mm, h=10mm, l=100mm$： 键　B16×100　GB/T 1096
半圆键		半圆键 $b=6mm, h=10mm, d_1=25mm$： 键　6×25　GB/T 1099
钩头楔键		钩头楔键 $b=18mm, h=11mm, l=100mm$： 键　18×100　GB/T 1565

　　常见的键连接装配画法见表 6-2-2。

　　键和键槽的尺寸是根据轴或孔的直径确定的，可通过有关手册查得。例如，要用 A 型普通平键连接直径为 40mm 的轴和孔，可查附表 7，得键宽 12mm，键高 8mm，长度按轮毂长度在 28~140mm 之间选取，并要符合规定的长度系列。

表 6-2-2　键连接的画法

名称	连 接 图 画 法	说　　明
普通平键连接		键的两侧工作时受力,与键槽侧面之间为接触面,只画一条线;键顶面与轮毂上的键槽顶面之间有间隙,作图时应绘出两条线 沿键长度方向剖切时,键按不剖绘制 键上的倒圆、倒角省略不画
半圆键连接		与普通平键连接情况基本相同,作图也一样,只是键的形状为半圆形。在使用时,允许轴与轮毂轴线之间有少许倾斜
钩头楔键连接		钩头键的上、下两面为工作面,上表面有 1∶100 的斜度,可用来消除两零件间的径向间隙,作图时上下两面和侧面都不留间隙,画成接触面形式

2. 销

销属于标准件,用于两零件间的定位,或受力不大的连接和锁定。销常见的型式有圆柱销、圆锥销和开口销。

圆柱销用于定位和连接。工件需要配作铰孔,可传递的载荷较小;圆锥销用于定位和连接,锥度 1∶50,安装、拆卸方便,定位精度高;开口销与槽形螺母配合使用,用于锁定其他零件,拆卸方便、工作可靠。

销连接的画法和标记见表 6-2-3。

表 6-2-3　销的标记和连接画法

名称	图　例	连 接 画 法	标　记
圆柱销			公称直径为 $d=8$mm,公称长度 $l=32$mm,材料为钢,不经淬火、不经表面处理的圆柱销: 　销　GB/T 119.1　8×32
圆锥销			公称直径为 $d=5$mm,公称长度 $l=32$mm,材料为 35 钢,热处理硬度为 28～38HRC,表面氧化处理的 A 型圆锥销: 　销　GB/T 117　5×32

名称	图 例	连 接 画 法	标 记
开口销			公称规格为 $d=5$mm，公称长度 $l=50$mm，材料为Q215，不经表面处理的开口销： 销 GB/T 91 5×50

二、齿轮

齿轮用于两轴间传递运动或动力，属于常用件，只有部分结构和参数进行了标准化。

常用的齿轮传动有三大类：

圆柱齿轮传动，用于平行两轴间的传动，如图6-2-4(a)所示；

圆锥齿轮传动，用于相交两轴间的传动，如图6-2-4(b)所示；

蜗轮蜗杆传动，用于交叉两轴间的传动，如图6-2-4(c)所示。

(a)圆柱齿轮传动   (b)圆锥齿轮传动   (c)蜗轮蜗杆传动

图 6-2-4 齿轮传动

1. 圆柱齿轮的轮齿结构和主要参数

圆柱齿轮的外形为圆柱，有直齿、斜齿和人字齿三种，齿廓曲线一般为渐开线，如图6-2-5所示。以下介绍直齿圆柱齿轮。

直齿圆柱齿轮的轮齿结构和主要参数如图6-2-6所示。

(a)直齿   (b)斜齿   (c)人字齿

图 6-2-5 圆柱齿轮

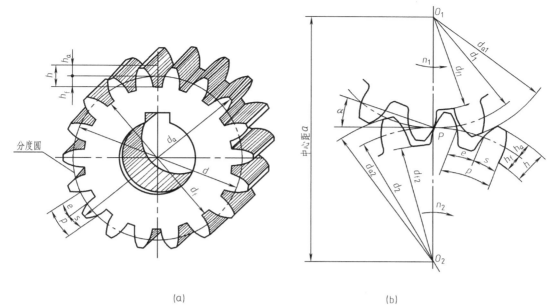

(a) (b)

图 6-2-6　直齿圆柱齿轮的轮齿结构和主要参数

（1）齿顶圆和齿根圆

用一假想圆通过各轮齿顶部，该圆称为齿顶圆，直径用 d_a 表示；用一假想圆通过各轮齿根部，该圆称为齿根圆，直径用 d_f 表示。

（2）分度圆（直径 d）

在齿顶圆与齿根圆之间，用一假想圆切割轮齿，若切得的齿隙弧长与齿厚弧长相等，这一假想圆称为分度圆。

（3）齿距 p

分度圆上相邻两齿同侧齿廓间的弧长称为齿距，用 p 表示，包括齿厚（s）和槽宽（e）。

对于标准齿轮

$$s = e = \frac{p}{2}, \quad p = s + e$$

（4）模数 m

分度圆的周长 $= \pi d = pz$，$d = \dfrac{p}{\pi} z = mz$，其中 $m = \dfrac{p}{\pi}$ 称为模数，为齿轮的标准参数，见表 6-2-4。

表 6-2-4　渐开线圆柱齿轮的标准模数系列（摘自 GB/T 1357—2008）　　　　　　　mm

第一系列	1,1.25,1.5,2,2.5,3,4,5,6,8,10,12,16,20,25,32,40,50
第二系列	1.75,2.25,2.75,(3.25),3.5,(3.75),4.5,5.5,(6.5),7,9,(11),14,18

注：优先选用第一系列，其次是第二系列，括号内的模数尽可能不用。

（5）齿形角 α

一对齿轮啮合时，齿廓在啮合点处的受力方向与该点瞬时速度方向所夹的锐角 α 称为齿形角，见图 6-2-6（b）所示，标准齿轮的齿形角 $\alpha = 20°$。

一对相互啮合的标准直齿圆柱齿轮，模数和齿形角必须相等。根据模数和齿数，可以计算出轮齿的其他尺寸，计算公式见表 6-2-5 所示。

表 6-2-5 标准直齿圆柱齿轮的尺寸计算

基 本 参 数	名 称 及 符 号	计 算 公 式
模数 m 齿数 z	齿顶圆直径(d_a)	$d_a=m(z+2)$
	分度圆直径(d)	$d=mz$
	齿根圆直径(d_f)	$d_f=m(z-2.5)$
	齿顶高(h_a)	$h_a=m$
	齿根高(h_f)	$h_f=1.25m$
	齿高(h)	$h=h_a+h_f=2.25m$
	模数(m)	$m=p/\pi$
	中心距(a)	$a=(d_1+d_2)/2=m(z_1+z_2)/2$

2. 圆柱齿轮的规定画法

单个直齿圆柱齿轮的画法如图 6-2-7 所示。

图 6-2-7 单个圆柱齿轮的画法

(a) 视图   (b) 剖视图   (c) 斜齿轮   (d) 人字齿轮

两啮合的齿轮画法如图 6-2-8 所示，其啮合区的局部放大图见图 6-2-9。

(a) 完全画出   (b) 简化画法   (c) 齿轮外形视图的画法

图 6-2-8 圆柱齿轮的啮合画法

图 6-2-9　轮齿啮合区的局部放大图

3. 直齿圆柱齿轮的测绘

测绘步骤如下。

① 先数出齿数 z。

② 测出齿顶圆直径 d_a。

当齿数是偶数时，d_a 可直接量出，如图 6-2-10（a）所示；如为奇数时，应先测出孔径 D_1 及孔壁到齿顶间距离 H，则 $d_a = 2H + D_1$，如图 6-2-10（b）所示。

(a)　　　　　　　　　(b)

图 6-2-10　d_a 的测量

③ 确定模数 m。

根据 $m = \dfrac{d_a}{z+2}$，求出模数后与标准模数核对，选取接近的标准模数。

④ 计算轮齿各部分尺寸。

根据标准模数和齿数，按表 6-2-5 公式计算 d、d_a、d_f 等。

⑤ 测量与计算齿轮的其他部分尺寸。

⑥ 绘制齿轮零件图（图 6-2-11）。

图 6-2-11　圆柱齿轮的零件图

4. 齿轮工作图的识读

圆柱齿轮的工作图，除了具有一般零件图的内容外，右上角还有参数表。以图 6-2-11 为例，说明识读齿轮工作图的步骤。

① 概括了解。从标题栏可知该零件为齿轮，材料为 45 钢，使用主视图和局部视图表达齿轮的结构。

② 详细分析。从右上角的参数表可知，该齿轮模数为 3mm，齿数为 26 齿，齿形角 20°，精度按 7FL 制造。主视图中没有画出轮齿的排列方向，而参数表也没有列出螺旋角，故可判断这是一直齿圆柱齿轮。圆筒形轮毂向右凸出，从局部视图可看出轴孔上部有一键槽。轴孔和轮齿两端分别有倒角 $C2$、$C1$。齿轮以轴线和轮毂右端面为尺寸基准。齿顶圆直径 $\phi84_{-0.19}^{0}$、轴孔直径 $\phi32_{0}^{+0.2}$、键槽宽 10 ± 0.018 和深度尺寸 $35.3_{0}^{+0.2}$ 都有公差要求，其他未注公差尺寸按 GB/T 1803—m 制造。齿面、轴孔的表面粗糙度要求最高。齿面进行热处理，硬度应达到 $50\sim55$HRC。

③ 归纳总结。通过上述分析之后，对齿轮的结构、尺寸和技术要求再综合归纳，形成总体认识，请读者自行总结。

三、滚动轴承

滚动轴承由内圈、外圈、滚动体和保持架组成，在机器中用于支撑旋转轴，如图 6-2-12 所示。

滚动轴承是标准组件，不单独画零件图，其结构和尺寸可根据代号从有关标准中查得。

1. 滚动轴承的基本代号

滚动轴承的代号由轴承类型代号、尺寸系列代号和内径代号三部分组成。

滚动轴承的类型代号用数字或字母表示，见表 6-2-6。

尺寸系列代号由轴承的宽（高）度系列代号和直径系列代号组成，用两位阿拉伯数字表示。

图 6-2-12　滚动轴承的结构

（图中标注：外圈　球　内圈　保持架）

表 6-2-6　轴承类型代号（摘自 GB/T 272—1993）

代号	0	1	2	3	4	5
轴承类型	双列角接触球轴承	调心球轴承	调心滚子轴承和推力调心滚子轴承	圆锥滚子轴承	双列深沟球轴承	推力球轴承
代号	6	7	8	N	U	QJ
轴承类型	深沟球轴承	角接触球轴承	推力圆柱滚子轴承	圆柱滚子轴承	外球面球轴承	四点接触球轴承

内径代号表示轴承内孔的公称尺寸，由两位数表示。代号数字为 00，01，02，03 的轴承，内孔直径分别为 10，12，15，17；代号数字为 04～96 的轴承，内孔直径可用代号数乘以 5 计算得到。但轴承内径为 1～9mm 时，直接用公称内径数值（mm）表示；内径值为 22，28，32，以及大于或等于 500mm 时，也用公称内径直接表示，但要用 "/" 与尺寸系列代号隔开。

例如：

除基本代号外，还可添加前置代号和后置代号，进一步表示轴承的结构形状、尺寸、公差和技术要求等。

2. 滚动轴承的画法

国家标准对滚动轴承的画法作了规定，分为简化画法和规定画法两种，其中简化画法又分为通用画法和特征画法。

滚动轴承的代号和画法见表 6-2-7。滚动轴承在装配图中的画法如图 6-2-13 所示。

表 6-2-7　滚动轴承的代号和画法

轴承类型		深沟球轴承 （GB/T 276—1994）	圆锥滚子轴承 （GB/T 297—1994）	推力球轴承 （GB/T 301—1995）
轴承结构				
简化画法	通用画法		外圈有挡边	内圈有单挡边

轴承类型		深沟球轴承 (GB/T 276—1994)	圆锥滚子轴承 (GB/T 297—1994)	推力球轴承 (GB/T 301—1995)
简化画法	特征画法			
规定画法				
轴承代号示例		滚动轴承 6212 GB/T 276—1994 内径 $d=12×5=60mm$ 尺寸系列代号 类型代号(深沟球轴承)	滚动轴承 30308 GB/T 297—1994 内径 $d=08×5=40mm$ 尺寸系列代号 类型代号(圆锥滚子轴承)	滚动轴承 51305 GB/T 301—1995 内径 $d=05×5=25mm$ 尺寸系列代号 类型代号(推力球轴承)
装配示意图				

四、弹簧

1. 弹簧简介

弹簧是一种储能元件，广泛用于减振、测力、夹紧等。弹簧的类型有螺旋弹簧、蜗卷弹簧、板弹簧等，以螺旋弹簧最为常见。如图 6-2-14 所示为圆柱螺旋弹簧，其类型按承受载荷的不同分为压力弹簧、拉力弹簧和扭力弹簧。

图 6-2-13　装配图中轴承的规定画法

压力弹簧　　　　　拉力弹簧　　　　　扭力弹簧

图 6-2-14　圆柱螺旋弹簧

2. 弹簧的主要参数

以圆柱螺旋压缩弹簧为例，主要参数如图 6-2-15 所示。

① 簧丝直径 d。制造弹簧所用钢丝的直径。

② 弹簧外径 D。弹簧的最大直径。

③ 弹簧内径 D_1。弹簧的最小直径。

④ 弹簧中径 D_2。过簧丝中心假想圆柱面的直径，$D_2 = D - d$。

⑤ 节距 t。相邻两有效圈上对应点间的轴向距离。

⑥ 圈数。弹簧中间节距相同的部分圈数称为有效圈数（n）；弹簧两端磨平并紧部分的圈数称为支承圈数（n_2），有 1.5、2 及 2.5 圈三种。

弹簧的总圈数　　　　　　　　　　　$n_1 = n + n_2$

⑦ 自由高度 H_0。在弹簧不受力时，弹簧的高度。

图 6-2-15　弹簧的主要参数

(a) 视图　　　　(b) 剖视图　　　　(c) 示意图

图 6-2-16　螺旋弹簧的画法

$$H_0 = nt + (n_2 - 0.5)d$$

⑧ 弹簧展开长度 L。即制造弹簧用的簧丝长度，可按螺旋线展开。

$$L \approx n_1 \sqrt{(\pi D_2)^2 + t^2}$$

⑨ 旋向。分为左旋和右旋两种。

3. 弹簧的画法

国家标准（GB/T 4459.4—2003）对弹簧的画法进行了规定。圆柱螺旋弹簧按需要可画成视图、剖视图及示意图，其画法如图 6-2-16 所示。

（1）规定画法

① 在平行于弹簧轴线的视图中，各圈的螺旋轮廓线画成直线。

② 不论螺旋弹簧是左旋还是右旋，均可按右旋画出，但左旋螺旋弹簧要注写"LH"。

③ 有效圈数在四圈以上的螺旋弹簧，允许在两端仅画两圈（支撑圈除外），中间断开省略不画。

④ 不论螺旋压缩弹簧的支撑圈数是多少，并紧情况如何，支撑圈数按 2.5 圈、磨平圈数按 1.5 圈画出。

如图 6-2-17 所示为螺旋弹簧的作图步骤。

图 6-2-17　弹簧的画图步骤

（2）装配图中弹簧的画法

装配图中弹簧的画法如图 6-2-18 所示，画图时应注意以下几点。

① 在装配图中，将弹簧看成一个实体，被弹簧挡住的结构不画出，如图 6-2-18（a）所示。

② 在剖视图中，若被剖切的弹簧簧丝断面直径在图中小于或等于 2mm 时，将断面涂黑表示，如图 6-2-18（b）所示。

③ 簧丝直径或厚度在图形上小于或等于 2mm 时，允许用单线（粗实线）示意画出，如图 6-2-18（c）所示。

任务二指导

一、绘图步骤

1. 齿轮测绘

(a)　(b)　(c)

图 6-2-18　装配图中弹簧的画法

① 数出齿数 z，测出齿顶圆直径 d_a，根据 $m = \dfrac{d_a}{z+2}$，求出模数后与标准模数核对，选取接近的标准模数。

② 计算轮齿各部分尺寸。根据标准模数和齿数，按表 6-2-5 公式计算 d、d_a、d_f 等。

③ 测量并计算齿轮的其他部分尺寸。

2. 键连接测绘

测量轴径，根据轴径查附表 7，查得键和键槽的尺寸。

3. 绘制齿轮啮合图及键连接图（如图 6-2-19 所示）。

二、注意事项

① 齿轮测绘时，应特别注意偶数齿和奇数齿齿轮的齿顶圆直径 d_a 的测量方法。

② 计算后的模数应标准化。

③ 画平键连接时，应注意键的顶面与齿轮上键槽的底面并未接触，要画两条线。

图 6-2-19　齿轮啮合图及键连接图

单元七 机 械 图

任务一 画典型零件图

绘制如图 7-1-1 所示脚踏座的零件图，并标注尺寸、注写技术要求。

图 7-1-1 脚踏座

任务分析

生产中是依据零件图加工出此脚踏座的，因此零件图上应清楚地表达出脚踏座的结构形状、大小以及加工要求。要完成脚踏座的零件图，应了解零件图的作用与内容，掌握如何表达清楚零件的结构形状，如何标注零件的尺寸，如何注写技术要求。

相关知识

● 零件图的内容
● 零件的视图选择和尺寸标注
● 零件图的技术要求

一、零件图的内容

零件图用于指导零件的制造和检验，是生产中的重要技术文件之一。零件分为标准件和非标准件，标准件的结构、大小、材料等均已标准化，可通过外购方式获得，非标准件则需要自行设计和加工。

如图 7-1-2 所示为齿轮油泵中齿轮轴的零件图，它表达了齿轮轴的结构形状、大小和要达到的技术要求。从图中可以看出，一张完整的零件图应包括如下的内容。

图 7-1-2　齿轮轴的零件图

1. 一组视图

用于完整、清晰地表达出零件的结构和形状。

2. 尺寸标注

完整、清晰、合理地标注出零件在制造和检验中所需的全部尺寸。

3. 技术要求

用于表达零件在制造和检验时应达到的各种要求，包括表面结构要求、尺寸公差、几何公差、材料及热处理等方面的要求等。

4. 标题栏

说明零件的名称、材料、数量、比例及责任人签字等。

二、零件图的视图选择和尺寸标注

1. 零件图的视图选择

选择零件的视图，应以能表达清楚零件的形状和结构为原则，同时使视图数量最少、最简单。

（1）主视图的选择

主视图应按三个基本原则进行选取。

① 形状特征原则。主视图要以结构特征为重点，兼顾形状特征选取。如图 7-1-3（a）所示的零件，比较图 7-1-3（b）、（c），从图 7-1-3（b）可看出零件由三部分组成，结构特征明

显，故应选图 7-1-3（b）作主视图。

(a) 立体图　　(b) 结构特征明显　(c) 形状特征明显

图 7-1-3　按形状和结构特征选主视图

② 加工位置原则。主视图应尽量与零件的主要加工位置一致，以便于加工、测量时进行图物对照。如图 7-1-4 所示的轴，主要在卧式车床和磨床上加工完成，故选取主视图时应将轴线水平放置。表达回转类零件，主视图常按加工位置选取。

图 7-1-4　按加工位置选主视图

③ 工作位置原则。主视图应尽量与零件在机器中的工作位置一致，这样容易将图、物联系起来，想象出零件的工作情况。拨叉、支架、箱体等零件的主视图一般用这种方法选取。如图 7-1-5 所示的起重机吊钩，主视图就是参考其工作位置选取的。

要注意的是，主视图的选取，往往综合考虑上述三个原则。例如在图 7-1-5 中，起重机吊钩主视图不仅与工作位置一致，也反映了形状特征。

（2）其他视图的选取

凡是在主视图中没有表达清楚的结构，就需要通过其他视图去补充、完善。如图 7-1-6(a) 所示的零件，按形状特征和工作位置原则选定主视图后，选用俯视图，可表达出大圆筒和底板的形状。选择主、俯视图后，该零件的主体结构已基本表达清楚，仅剩下左边腰圆凸台的形状没有表达出来，使用"A"局部视图即可，如图 7-1-6(b) 所示。

2. 零件图的尺寸标注

尺寸是加工和检验零件的依据。零件图上的尺寸标注，不仅要求完整、清晰，而且还要求标注合理。在标注零件图上的尺寸时，必须注意以下问题。

图 7-1-5　按工作位置选主视图

（1）正确选择尺寸基准

尺寸基准是标注和度量尺寸的起点。

用来确定零件在装配体中的理论位置而选定的基准称为设计基准；根据零件加工、测量的要求而选定的基准称为工艺基准。

(a)　　　　　　　　(b)

图 7-1-6　其他视图的选取

零件在长度、宽度、高度三个方向至少都应有一个基准，一般常以零件的对称面、重要安装面、轴线等作为基准。如图 7-1-7 所示，轴承座的长度、宽度方向的尺寸以对称面为基准，高度方向必须以底板安装面为基准。螺孔深度 6mm，是以凸台顶面为基准进行测量的，故该面是工艺基准。

（2）使用形体分析方法标注尺寸

标注尺寸时，应按形体分析的方法，将零件拆分成不同部分，逐一标注各部分的定形尺寸和定位尺寸，并检查尺寸标注是否清晰、齐全、合理。

如图 7-1-7 所示，大圆筒的 $\phi16$、$\phi30$ 和 30，是定形尺寸；圆筒轴线到高基准的距离为 40 ± 0.02（中心高），是定位尺寸。圆筒轴线与长基准重合，宽方向的对称面与宽基准重合，不需要标注定位尺寸。

（3）注意事项

① 重要尺寸应从主要基准直接注出。如图 7-1-8 所示，轴承孔的高度 a 是影响轴承座工作性

图 7-1-7　轴承座的尺寸基准

能的主要尺寸，加工时必须保证其加工精度，应直接以底面为基准标注出来，而不能以 b、c 代替。因为在加工零件过程中，尺寸总会有误差，如果注写 b 和 c，就会有积累误差，难以保证设计要求。同理轴承座底板上两螺栓孔的中心距 l 应直接标注，而不应标注尺寸 e。

(a) 不合理　　　　　　　　　(b) 合理

图 7-1-8　重要尺寸应从主要基准直接注出

(a)　　　　　　　　(b)

图 7-1-9　避免将尺寸注成封闭的形式

② 避免将尺寸注成封闭的形式。如图 7-1-9（a）所示的阶梯轴，各尺寸首尾相接，构成一个封闭的尺寸链，尺寸链中每一尺寸的精度，都受其他尺寸的误差影响，在加工时就很难保证总体尺寸的精度。在这种情况下，应当挑选一个最不重要的尺寸不注，使所有的尺寸误差都积累在此处，如图 7-1-9（b）所示。

③ 标注尺寸要考虑工艺要求。如果没有特殊要求，标注尺寸应考虑便于加工和测量，如图 7-1-10、图 7-1-11 所示。

图 7-1-10 标注尺寸便于加工

图 7-1-11 标注尺寸便于测量

3. 零件上的常见工艺结构及其尺寸标注

零件上与制造和装配有关的结构称为工艺结构。以下介绍几种常见的工艺结构。

（1）起模斜度和铸造圆角

使用铸铁、铸钢材料制造零件时，需要铸造毛坯。为了便于从砂箱中取出木模，常常沿拔模方向作出一定的斜度（约 1∶20），称为起模斜度，如图 7-1-12（a）所示。

为防止拔模时落砂及夹角处产生裂纹和缩孔，铸件两面相接的尖角处应做成圆角，称为铸造圆角，如图 7-1-12（b）所示。

图 7-1-12 起模斜度和铸造圆角

由于有铸造圆角，铸件的表面交线不明显。为区分不同表面，在图中仍画出理论上的交线，称为过渡线。过渡线的两端应与其他轮廓线断开，如图 7-1-13 所示。

图 7-1-13 过渡线

（2）倒角与倒圆

为便于装配和操作安全，在轴或孔的端部常作倒角，如图 7-1-14 所示。为避免应力集中而产生裂纹，在轴肩处常以圆角过渡，称为倒圆。当倒角为 45°时，可简化标注，如图 7-1-14 中的"C1.5"。

（3）退刀槽

图 7-1-14 倒角与倒圆

为使加工到位并便于退出刀具，常在待加工表面的轴肩处预先加工出退刀槽，退刀槽的标注用"槽宽×槽深"或"槽宽×直径"的形式，如图 7-1-15 所示。

图 7-1-15 退刀槽   图 7-1-16

（4）凸台与凹坑

零件在装配时，为保证表面接触良好，并减少加工面积，常在零件中做出凸台或凹坑，如图 7-1-16 所示。

三、零件图上的技术要求的注写

零件图上的技术要求是零件在加工和检验时应达到的技术指标，如表面结构、极限与配合、几何公差等。

（一）表面结构

1. 表面结构的概念

表面结构是在规定的范围内表面粗糙度、表面波纹度、纹理方向、表面几何形状及表面缺陷等特性的总称。

零件表面不管加工得多么光滑，在显微镜下观察都是凹凸不平的，零件表面这些由较小间距的峰谷构成的微观几何形状特性，称为表面粗糙度。由间距比表面粗糙度大得多的随机或接近周期形式的成分构成的介于微观与宏观之间的几何误差，称为表面波纹度。表面粗糙度和表面波纹度都是衡量零件表面质量的重要指标。

2. 表面结构的代号

（1）表面结构的参数

国家标准规定，评定表面结构质量的主要轮廓参数组有三个：R 轮廓参数（粗糙度参数）、W 轮廓参数（波纹度参数）、P 轮廓参数（原始轮廓参数）。在零件图上主要用到的是粗糙度参数 R，包括轮廓算术平均偏差 Ra 和轮廓最大高度 Rz，其中最常用的是轮廓算术平均偏差 Ra。

表面粗糙度参数 Ra（单位为 μm）的数值，可按 100μm 开始，逐一除 2，四舍五入得到后一项来助记，如 100、50、25、12.5、6.3、3.2、1.6、0.8…

常用的表面粗糙度参数 Ra 及加工方法见表 7-1-1。

表 7-1-1　常用的表面粗糙度参数 Ra 及加工方法

$Ra/\mu m$	表面特征	加工方法	应用
100、50、25	粗面	粗车、粗铣、粗刨、钻孔等	非接触面
12.5、6.3、3.2	半光面	精车、精铣、精刨、粗磨等	一般要求的接触面,要求不高的配合面
1.6、0.8、0.4	光面	精车、精磨、研磨、抛光等	较重要的配合面
0.2 及更小的 Ra 值	最光面	研磨、超精磨、精抛光等特殊加工	特别重要的配合面,特殊装饰面

（2）表面结构的符号

表面结构的符号画法如图 7-1-17 所示，表面结构的符号及附加标注的尺寸见表 7-1-2。

图 7-1-17　表面结构符号的画法

表 7-1-2　表面结构的符号及附加标注的尺寸

字母和数字高度 h	2.5	3.5	5	7	10	14	20
符号线宽 d'	0.25	0.35	0.5	0.7	1	1.4	2
字母线宽 d							
高度 H_1	3.5	5	7	10	14	20	28
高度 H_2	8	11	15	21	30	42	60

表面结构的符号及其意义见表 7-1-3。

表 7-1-3　表面结构的符号及意义

符号	意义及说明
	基本图形符号,对表面结构有要求的图形符号,简称基本符号。无补充说明时不能单独使用
	扩展图形符号,基本符号加一短横,表示表面是用去除材料的方法获得,例如:车、铣、钻、磨、剪切、抛光、腐蚀、电火花加工、气割等
	基本符号加一小圆,表示表面是用不去除材料的方法获得,例如:铸、锻、冲压变形、热轧、冷轧、粉末冶金等,或者是用于保持原供应状况的表面(包括保持上道工序的状况)
	完整图形符号,当要求标注表面结构特征的补充信息时,在允许任何工艺图形符号的长边上加一横线。在文本中用文字 APA 表示
	完整图形符号,当要求标注表面结构特征的补充信息时,在去除材料图形符号的长边上加一横线。在文本中用文字 MRR 表示
	完整图形符号,当要求标注表面结构特征的补充信息时,在不去除材料图形符号的长边上加一横线。在文本中用文字 NMR 表示

（3）表面结构的代号

表面结构的代号及意义见表 7-1-4。

表 7-1-4 表面结构代号及意义

代 号	意 义
$\sqrt{}$ Ra3.2	用任何方法获得的表面，Ra 的上限值为 $3.2\mu m$
$\sqrt{}$ Ra3.2	用去除材料的方法获得的表面，Ra 的上限值为 $3.2\mu m$
$\sqrt{}$ Ra3.2	用不去除材料的方法获得的表面，Ra 的上限值为 $3.2\mu m$
$\sqrt{}$ Ra6.3 Ra3.2	用去除材料的方法获得的表面，Ra 的上限值为 $6.3\mu m$，下限值为 $3.2\mu m$

3. 表面结构要求的标注

（1）表面结构要求的一般标注

表面结构要求对每一表面一般只标注一次，通常注写在可见轮廓线、尺寸界线、尺寸线或它们的延长线上，与尺寸的注写和读取方向一致。必要时，表面结构符号可用带箭头或黑点的指引线引出标注。注写在可见轮廓线上的符号尖端或箭头必须从材料外指向表面，如图7-1-18 所示。

图 7-1-18 表面结构要求的一般标注

必要时，表面结构要求还可以标注在公差框格的上方，如图 7-1-19 所示。

图 7-1-19 标注在公差框格上方的表面结构要求

（2）表面结构要求的简化标注

① 有相同表面结构要求的简化标注。

如果工件的多数表面（包括全部）有相同的表面结构要求，则其要求可统一标注在标题栏附近，此时（除全部表面有相同的表面结构要求外）表面结构的符号后面应有：在圆括号内给出无任何其他标注的基本符号，如图 7-1-20（a）所示，或在圆括号内给出不同的表面结构要求，如图 7-1-20（b）所示。

② 使用符号的简化标注。

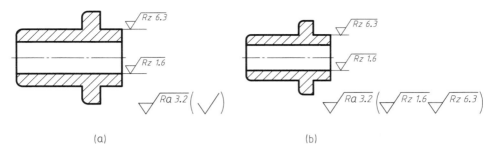

图 7-1-20　有相同表面结构要求的简化标注

当多个表面具有相同的表面结构要求或图纸空间有限时，可采用带字母的完整符号，以等式的形式，在图形或标题栏附近进行简化标注，如图 7-1-21（a）所示；也可以只使用表面结构符号，以等式的形式给出对多个表面的共同表面结构要求，如图 7-1-21（b）所示。

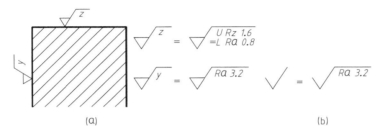

图 7-1-21　多个表面有共同表面结构要求的简化标注

（二）极限与配合

在装配体中，不同部位相互结合的两个零件可能有不同的松紧要求。如图 7-1-22 所示的轴衬装在轴承座孔中，要求配合紧密，使轴承定位良好；而轴和轴衬装配后，要求有一定的间隙，使轴在工作时能自由转动。为了保证零件装配后能达到预期的松紧要求，轴承座孔径，轴衬外径和内径以及轴的直径都必须在一个规定的公差范围内，这样就形成了"极限与配合"的概念。

图 7-1-22　轴、轴衬与轴承座的装配要求

现代机械制造要求零件有互换性。从一批相同的零件中任取一件，不经修配地装到机器中，并能达到使用要求，零件所具有的这种性质称为互换性。互换性要求相同零件的尺寸、

形状和几何要素间的相对位置保持一致。

1. 几个基本术语

要使零件具有互换性，并不要求一批零件的同一尺寸绝对准确，而只要求在一个合理的范围之内。为了表示尺寸的这一合理范围，在零件图上的尺寸之后，加注带正负号的小数或零，例如：

$$\phi 35^{+0.018}_{+0.002} \qquad \phi 35^{+0.025}_{0} \qquad \phi 35 \pm 0.012$$

下面介绍几个常用术语。

(1) 公称尺寸、提取组成要素的局部尺寸和极限尺寸

公称尺寸是由图样规范确定的理想形状要素的尺寸，如前面三个尺寸中的 $\phi 35$。

极限尺寸是尺寸要素允许的两个极端，一个称为上极限尺寸，另一个称为下极限尺寸。提取组成要素的局部尺寸必须位于两个极限尺寸之间，也可以等于极限尺寸。$\phi 35^{+0.018}_{+0.002}$ 的两个极限尺寸是：

$$上极限尺寸=(35+0.018)=35.018（mm）$$
$$下极限尺寸=(35+0.002)=35.002（mm）$$

(2) 偏差

某一尺寸减去其公称尺寸所得的代数差，称为偏差。上极限尺寸减去公称尺寸所得的代数差称为上极限偏差（ES 或 es），如 $\phi 35^{+0.018}_{+0.002}$ 中的 $+0.018$。下极限尺寸减去公称尺寸所得的代数差称为下极限偏差（EI 或 ei），如 $\phi 35^{+0.018}_{+0.002}$ 中的 $+0.002$。上极限偏差和下极限偏差统称为极限偏差，它们必须按规定写在公称尺寸之后。上、下极限偏差数值相等，符号相反时，采用对称标注，如 $\phi 35 \pm 0.012$。

(3) 尺寸公差

允许尺寸的变动量，称为尺寸公差，简称公差。尺寸公差不带正负号，计算方法如下：

尺寸公差＝上极限尺寸－下极限尺寸＝上极限偏差－下极限偏差

例如尺寸 $\phi 35^{+0.018}_{+0.002}$ 的公差是 $(0.018-0.002)\text{mm}=0.016\text{mm}$。

尺寸公差越大，表示从下极限尺寸到上极限尺寸的范围越宽，制造出的零件的尺寸就越容易在这一范围内，所以零件就越容易制造。

(4) 公差带

在分析尺寸公差与公称尺寸的关系时，常把上、下极限偏差和公称尺寸按放大的比例绘制成简图，称为公差带图，如图 7-1-23 所示。在公差带图中，表示公称尺寸的直线称为零线，它是确定偏差正、负的基准线。代表上、下极限偏差的两条水平线之间的区域称为公差带。

图 7-1-23 公差带图解

(5) 标准公差和基本偏差

① 标准公差。国家标准规定，标准公差分为 IT01、IT0、IT1、…、IT18 共 20 个等级，IT 为标准公差代号。标准公差用来表示公差的大小，IT01 公差最小，精度要求最高；IT18 公差最大，精度要求最低。标准公差数值可由公称尺寸和公差等级从标准公差数值表中查取，各级标准公差的数值可查阅附表 11。

② 基本偏差。基本偏差是用来确定公差带相对零线位置的那个极限偏差，可以是上极限偏差或

下极限偏差，一般指靠近零线的那个极限偏差。当公差带在零线的上方时，基本偏差为下极限偏差，反之则为上极限偏差，如图 7-1-24 所示。基本偏差代号用拉丁字母表示，大写表示孔的基本偏差，小写表示轴的基本偏差。

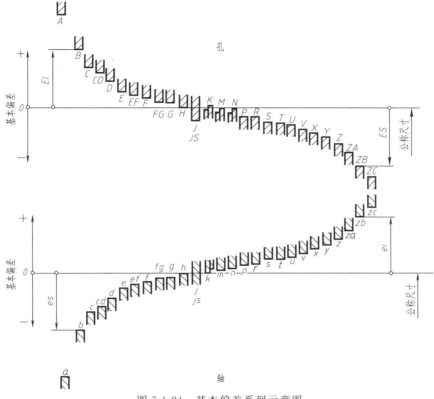

图 7-1-24　基本偏差系列示意图

2. 配合的概念和种类

（1）配合

公称尺寸相同并相互结合的孔和轴公差带之间的关系，称为配合。如图 7-1-25（a）是孔与轴形成配合的示意图，图 7-1-25（b）所示为该配合的公差带图。

（a）轴、孔配合示意图　　　　　　　　（b）轴、孔的公差带图

图 7-1-25　配合中的轴、孔的公差带图示意图

（2）配合种类

① 间隙配合。孔、轴之间具有间隙（包括最小间隙等于零）的配合称为间隙配合。在公差带图中，孔的公差带在轴的公差带之上，如图 7-1-26（a）所示。

图 7-1-26 配合种类

② 过盈配合。孔、轴之间具有过盈（包括最小过盈等于零）的配合称为过盈配合。在公差带图中，孔的公差带在轴的公差带之下，如图 7-1-26（b）所示。

③ 过渡配合。孔、轴之间可能具有间隙或过盈的配合称为过渡配合。在公差带图中，孔与轴的公差带相互交叠，孔、轴之间到底是具有间隙还是过盈，要视装配时所取零件的提取组成要素的局部尺寸（实际尺寸）而定，如图 7-1-26（c）所示。

孔和轴的公差带代号由基本偏差和标准公差等级组成，如图 7-1-27 所示。

图 7-1-27 公差带代号

（3）配合制度

公称尺寸相同的孔和轴，在改变孔和轴的基本偏差时，可形成多种配合。为便于设计和制造，应减少配合数量，为此国家标准规定了两种配合制，即基孔制与基轴制。

① 基孔制。基孔制配合是基本偏差为一定的孔的公差带，与不同基本偏差的轴的公差带形成各种配合的一种制度。基孔制以孔为基准，基本偏差为下偏差，并等于零，用代号 H 表示。

② 基轴制。基轴制配合是基本偏差为一定的轴的公差带，与不同基本偏差的孔的公差带形成各种配合的一种制度。基轴制以轴为基准，基本偏差为上偏差，且等于零，用符号 h 表示。

3. 极限与配合的标注与查表

（1）极限与配合在图样上的标注

① 在装配图上的标注。

在装配图上应标注配合代号。配合代号写成分数形式，分子为孔的公差带代号，分母为轴的公差带代号。标注时，应在公称尺寸之后写出配合代号，如图 7-1-28（a）中 $\phi 18\dfrac{H7}{p6}$、$\phi 14\dfrac{F8}{h7}$，也可写作 $\phi 18H7/p6$、$\phi 14F8/h7$。

在配合代号中，凡是分子含有 H 的均为基孔制配合，如 $\phi 18\dfrac{H7}{p6}$；凡是分母含有 h 的

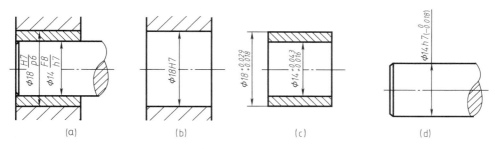

图 7-1-28　在图样上极限与配合的标注形式

均为基轴制配合，如 $\phi 14 \dfrac{F8}{h7}$。通常轴比孔容易加工，因此优先选用基孔制。

② 在零件图上的标注。在零件上标注公差有三种形式：

在孔或轴的公称尺寸后面，注出基本偏差代号和标准公差等级，用同号字体书写，如图 7-1-28（b）中的 $\phi 18 H7$。这种形式用于成批生产的零件上。

在孔或轴的公称尺寸后面，注出极限偏差数值，极限偏差数值的字体比公称尺寸数字的字体小一号，如图 7-1-28（c）中的 $\phi 18^{+0.029}_{+0.018}$。这种形式用于单件或小批量生产的零件上。

在孔或轴的公称尺寸后面，既注出基本偏差代号和标准公差等级，又同时注出极限偏差数值（极限偏差数值加括号），如图 7-1-28（d）中的 $\phi 14 h7$（$^{\ 0}_{-0.018}$）。这种形式用于生产批量不定的零件上。

（2）查表方法

相互配合的轴和孔，可按公称尺寸和公差带代号查阅优先配合的孔或轴的极限偏差表获得极限偏差数值。如轴 $\phi 35 s6$，可查附录表 12，得上极限偏差 $+59\mu m$，下极限偏差为 $+43\mu m$，故极限偏差形式为 $\phi 35^{+0.059}_{+0.043}$。再如孔 $\phi 35 H7$，可查附录表 13，得孔的上极限偏差为 $+25\mu m$，下极限偏差为 0，极限偏差形式为 $\phi 35^{+0.025}_{0}$。

配合代号的识读示例见表 7-1-5。

表 7-1-5　配合代号的识读示例

配合代号	极限偏差		公差带图	说　　明
	孔	轴		
$\phi 20 H8/f7$	$\phi 20^{+0.033}_{0}$	$\phi 20^{-0.020}_{-0.041}$		基孔制间隙配合 最小间隙：$0-(-0.020)=+0.020$ 最大间隙：$0.033-(-0.041)=+0.074$
$\phi 20 H7/s6$	$\phi 20^{+0.021}_{0}$	$\phi 20^{+0.048}_{+0.035}$		基孔制过盈配合 最小过盈：$0.021-0.035=-0.014$ 最大过盈：$0-0.048=-0.048$
$\phi 20 K7/h6$	$\phi 20^{+0.006}_{-0.015}$	$\phi 20^{\ 0}_{-0.013}$		基轴制过渡配合 最大间隙：$0.006-(-0.013)=+0.019$ 最大过盈：$-0.015-0=-0.015$

（三）几何公差

1. 几何公差的概念

机件上特定的部位，如点、线或面称为要素。零件实际要素的形状和相对位置不是绝对

图 7-1-29 几何公差

(a) 公差框格   (b) 基准代号

图 7-1-30 公差框格及基准代号

准确的，它们相对于公称要素（理想要素）的形状和位置所允许的变动量，称为几何公差，如图 7-1-29（a）所示。几何公差同样影响零件的互换性，如图 7-1-29（b）所示为直线度对互换性的影响。

2. 几何公差的代号

几何公差的代号包括公差框格、指引线和基准代号，如图 7-1-30 所示。

（1）公差框格

由两个或两个以上矩形方格组成，矩形方格中的内容，从左到右填写几何特征项目符号、几何公差数值和代表基准的字母。

几何特征项目及符号见表 7-1-6 所示。

表 7-1-6 几何特征项目及符号

分类	特征项目	符号	分类	特征项目	符号
形状公差	直线度	—	方向或位置公差	平行度	//
	平面度	▱		垂直度	⊥
	圆度	○		倾斜度	∠
	圆柱度	⌭		位置度	⊕
				同轴度	◎
				对称度	=
方向或位置公差	线轮廓度	⌒	跳动公差	圆跳动	↗
	面轮廓度	⌓		全跳动	↗↗

（2）指引线

带箭头的指引线，表示箭头所指的部位为被测要素，即机件上要检测的点、线或面。

（3）基准及基准符号

在新国标中，与被测要素相关的基准用一个大写字母表示，字母标注在基准方格内，与一个涂黑的或空白的三角形相连以表示基准，涂黑的和空白的三角形含义相同，如图7-1-31（a）～（e）所示。在旧国标中，基准及基准符号用大写字母、圆圈、粗短画及连线组成，如图7-1-31（f）所示。

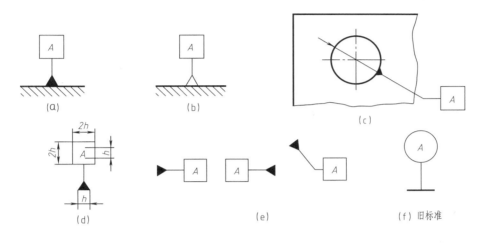

图7-1-31　基准代号

注意事项：

① 当被测要素或基准要素为轴线、中心平面或中心点时，指引线或基准符号应与相应尺寸线对齐，否则应明显错开位置。如图7-1-32（a）所示，直线度误差中被测要素是指轮廓素线，故箭头与$\phi20$的尺寸线错开，而同轴度误差中被测要素和基准要素分别指的是$\phi20$和$\phi30$段的轴线，故应与尺寸线对齐。

② 当公差带为圆柱时，公差值之前应标注符号"ϕ"，如图7-1-32（b）是图7-1-32（a）中同轴度的公差带形状。

图7-1-32　标注几何公差应注意的事项

3. 几何公差的识读

识读几何公差，要求明确几何公差特征项目、被测要素、基准要素以及所允许的公差值。

【例题】 解释如图 7-1-33 所示零件图中标注的几何公差的意义。

解：图中从左向右标注的三处几何公差分别表示：

① 球面 $SR750$ 对 $\phi16f7$ 轴线的圆跳动公差为 0.03mm。

② 杆身 $\phi16f7$ 段的圆柱度公差为 0.005mm。

③ 螺孔 $M8\times1\text{-}6H$ 轴线对 $\phi16f7$ 轴线的同轴度公差为 $\phi0.1$mm。

图 7-1-33　几何公差的解读

任务一指导

一、绘图步骤

① 形体分析：脚踏座为叉架类零件，主要由四部分组成，左侧圆角方板为安装部分，右侧 $\phi30$ 圆筒为工作部分，$\phi13$ 圆筒是为零件工作时添加润滑脂附加的结构。该零件起支撑轴的作用。

② 根据脚踏座的结构特点，确定主视图的投射方向，如图 7-1-34 所示。

③ 选择视图及表达方案。

主视图：采用局部剖视图，将脚踏座上的沉孔（内部结构）表达清楚。

左视图：采用局部剖视图，将 $\phi8.5$、$\phi16H8$ 孔（内部结构）表达清楚。

断面图：表达连接部分和加强部分的断面形状。

脚踏座的外部形状由主视图、左视图并结合断面图综合表达出来。

④ 选比例，定图幅，布图。

⑤ 画作图基准线，绘制底图。

⑥ 检查、描深。

⑦ 标注尺寸及技术要求，完成零件图。

$\phi16H8$ 孔与轴有配合要求，精度和表面粗糙度要求最高。$\phi30$ 圆筒两端、安装部分的安装平

图 7-1-34　脚踏座主视图的投射方向

面、$\phi13$ 圆筒顶面及各孔都需加工，故有粗糙度要求。其他表面不需加工。

二、注意事项

① 分析脚踏座时，应着重了解其作用，想象其在装配体中与相邻零件的装配关系。

② 主视图应该能反映零件的形状结构特征。

③ 其他视图的选择，应注重"少而精"的原则。

④ 布图应充分考虑绘图、标注尺寸、注写技术要求的需要。

⑤ 尺寸标注、技术要求的注写应完整、合理。

任务二　看零件图

任务描述

阅读轴套类、盘盖类、叉架类和箱体类零件的典型零件图。

任务分析

阅读零件工作图，就是要能够根据零件的作用及与相邻零件的关系读懂零件的结构、形状和大小，弄清其技术要求等。

相关知识

● 四类典型零件的特点分析

● 识读零件图的步骤

一、四类典型零件的特点

机器中的零件千变万化、形态各异。要快速而准确地读懂它们的零件图，除了要掌握一定的方法和步骤外，还要熟悉零件的类型以及各类零件的共同特点。除标准件和常用件外，根据零件的结构特点及作用，可把零件分为轴套类、盘盖类、叉架类和箱体类四类。这四类典型零件的特点见表 7-2-1。

二、识读零件图的步骤

识读零件图，一般可按下述步骤进行。

1. 概括了解

① 看标题栏。了解零件名称、材料、比例等。先看零件的名称，以确定零件的类型，估计零件的大致作用和形状结构，这对读懂零件图有很大的帮助。例如看到轴的零件图时，只要熟悉零件分类，就知道轴属于轴套类零件，主体结构由几段圆柱或圆锥同轴组成。看图分析结构时，你当然就会把各轴段当作圆柱或圆锥来想了。

② 了解视图配置。要了解各视图的名称及相互间的关系，看图的方向；如果是剖视图、断面图，还要找出剖切位置。

2. 详细分析

① 分析零件的结构。以前面估计的零件大致形状为基础，结合视图，用形体分析的方法详细分析出零件的各个结构。

② 分析尺寸。分析尺寸基准、各结构的定形、定位尺寸。

③ 分析技术要求。分析表面结构要求、尺寸公差、几何公差等技术要求的高低及其原因。

表 7-2-1 四类典型零件的特点

零件类别 \ 零件特点	轴套类	盘盖类	叉架类	箱体类
功用	用于传递运动和支承传动件。包括轴、丝杠、阀杆、曲轴、套筒、轴套等	用于传递运动、连接、支承和密封。包括手轮、皮带轮、法兰盘、端盖等	用于操纵、调节、连接、支承。包括拨叉、摇臂、拉杆、连杆、支架、支座等	是机器和部件的主体零件,用来容纳、支承和固定其他零件。如阀体、泵体、箱体、机座等
结构特征	主要由同轴圆柱体、圆锥体组成,长度远大于直径。常有螺纹、键槽、退刀槽、销孔、中心孔、倒角、倒圆等结构	主体多为回转体,直径大于轴向长度。常见结构有孔、键槽、退刀槽、倒角、均匀分布的孔、轮辐、肋板等	形状不规则且复杂,零件一般由三部分组成:①工作部分,传递预定动作;②安装部分,支承或安装固定零件自身;③连接部分,连接零件的工作部分和安装部分	为空心壳体,其上有轴孔、结合面、螺孔、销孔、凸台、凹坑、加强肋板及润滑系统等结构
视图表达	一般用主视图表达主要形状结构,零件轴线水平放置。局部结构常用局部视图、局部剖视图、断面图及局部放大图表示	主视图一般取剖视图,主要轴线水平放置,常用主、左或主、俯两个基本视图。局部细节常用剖视图、断面图及局部放大图表达	主视方向常选能突出工作部分和安装部分结构形状的方向,按工作位置或自然位置安放,一般用2~3个基本视图。连接部分和细部结构则用局部视图、斜视图、各种剖视图、断面图表示	主视图多用剖视图突出内部结构形状,以工作位置安放,通常要用三个或三个以上基本视图,并需灵活运用各种视图、剖视图、断面图等表达方法
尺寸标注	一般选取零件轴线为径向基准(高、宽方向);阶梯端面为轴向基准(长度方向) 一般无径向定位尺寸,轴向尺寸应首先保证主要设计尺寸,其他尺寸按加工要求和顺序标注	选取零件轴线为径向主要尺寸基准,重要端面为轴向基准 径向均匀分布的小孔的定位圆直径是较突出的定位尺寸	一般以安装基面、对称平面、孔中心线或轴线为主要尺寸基准 各方向定位尺寸较多,往往还有角度尺寸	常以轴孔中心线、对称平面、结合面及安装基面为主要尺寸基准 定位尺寸更多,有些定位尺寸常有公差要求
技术要求	有配合的轴颈和一些重要轴向尺寸应有较高尺寸精度要求 一般表面均有表面粗糙度要求,配合表面要求较高,达到 $R_a1.6\sim0.4$ 或更高 配合轴颈之间、配合轴颈和重要端面之间有几何公差要求	有配合的轴孔尺寸精度要求较高 配合的内、外表面及轴向定位端面表面粗糙度要求较高,达 $R_a3.2\sim1.6$ 有配合要求的内外表面应有同轴度要求,与其他运动件相接触的表面有垂直度或跳动公差要求	一般尺寸精度、表面粗糙度和几何公差均无特殊要求,有时重要轴孔有一般的尺寸精度要求。轴孔之间或轴孔与安装基面之间有几何公差要求	箱体零件的轴孔在尺寸精度、表面粗糙度、几何公差等方面有较高的要求 其他重要结合面和安装基面有较高的表面粗糙度要求 轴孔之间,轴孔与重要表面之间也有一定的尺寸精度和几何公差要求

3. 归纳总结

在对零件各个方面分析之后,综合归纳出零件的结构、形状特点和加工要求。

任务二指导

一、看图步骤

1. 轴套类零件

分析如图 7-2-1 所示齿轮轴的零件图。

图 7-2-1　齿轮轴的零件图

（1）概括了解

该零件图是油泵中齿轮轴的零件图。按 1∶3 绘制，材料为 45 钢。齿轮轴的左端与油泵泵盖装配在一起，右端有键槽，通过键与传动齿轮连接。当传动齿轮带动齿轮轴旋转时，齿轮轴带动油泵中另一个齿轮作相反方向旋转，起到吸、压油的作用。由零件图右上角的参数表可知该齿轮的基本参数。

该零件图采用一个主视图、两个局部放大图和一个断面图表达，主视图采用局部剖视。

（2）详细分析

该齿轮轴由五段圆柱和齿轮部分组成，左边第一段尺寸为 $\phi18\times18$，有倒角 C1 和退刀槽；第二段为齿轮；第三段直径为 $\phi18$，长度为 67，左端有退刀槽；第四段尺寸为 $\phi16\times26$，前面有键槽，右端有倒角 C1，左端有退

图 7-2-2　齿轮轴的立体图

刀槽；第五段为螺纹段，尺寸为 M12，长度为 20，左端有退刀槽，右端有倒角 C1，中间有一垂直孔 $\phi 3.5$。

该轴以水平轴线为径向尺寸基准，以齿轮的右端面（此端面是确定齿轮轴在油泵中轴向位置的重要端面）为长度方向的主要尺寸基准。键槽深度尺寸在 A—A 断面图中注出。齿轮轴的立体图见图 7-2-2。

齿轮轴的径向尺寸 $\phi 48f7$、$\phi 18f6$、$\phi 16h7$ 和键槽宽度均有公差要求，表明这几部分轴段均与油泵中的相关零件有配合关系，所以表面粗糙度也有较高的要求，R_a 值均为 $3.2\mu m$。齿轮的轮齿部分表面经淬火处理，使轮齿表面获得高硬度，而心部保持一定的韧性，既耐磨又能承受冲击力。

（3）归纳总结

经上述分析，可知该齿轮轴的形状、尺寸及技术要求。

2. 盘盖类零件

读如图 7-2-3 所示端盖的零件图。

图 7-2-3　端盖的零件图

（1）概括了解

从标题栏中可知，该零件为端盖，属于盘盖类零件，其主体应是回转体结构。端盖的材料为 HT150，比例 1：2。端盖用一个主视图和一个局部放大图表达。

（2）详细分析

从主视图可看出，端盖由两部分组成，都为圆柱。$\phi 80f8$ 段为工作部分；$\phi 115$ 段为连接部分，其上沿圆周方向均匀分布有六个沉孔（$6\times\phi 9$ 处）。端盖的中心有一阶梯孔，孔中有一放置密封材料用的梯形环槽，尺寸在局部放大图中标出。轴线为径向尺寸基准，$\phi 115$ 段右端面为轴向尺寸基准。从图中可看出，$\phi 80f8$ 圆柱面的技术要求较高，有尺寸公差要求。$\phi 115$ 段右端面为安装接触面，它与 $\phi 80f8$ 外圆柱表面结构要求最高。

（3）归纳总结

根据分析，端盖由两段圆柱组成，内有阶梯孔，连接部分制有六个圆柱形沉孔。工作部分及安装接触面的技术要求较高。

3. 叉架类零件

读如图 7-2-4 所示摇臂的零件图。

未注圆角　R0.5

摇臂	比例	数量	材料	（图号）
	1∶1	1	ZL102	
制图	（姓名）	（日期）		（厂名）
审核				

图 7-2-4　摇臂的零件图

（1）概括了解

从标题栏可知，零件为摇臂，属于叉架类零件，因此主体由三个部分组成。该摇臂材料为 ZL102，比例 1∶1。图中使用一个主视图、一个左视图、一个斜视图 A 和一个移出断面图表达摇臂。

（2）详细分析

从主、左视图可看出，摇臂的工作部分为一直径 $\phi10$ 的圆筒；安装部分是一类似圆筒的形体，但上部较厚，并带有拔模斜度，右部为斜平面，左边接有一夹紧结构（通过螺纹 M3 夹紧 $\phi9$ 孔中的轴），夹紧结构的形状可从斜视图 A 看出。连接部分和加强部分都是厚为 4mm 的板状结构，从断面图可看出这两部分的断面形状，它们相互垂直。摇臂以左右对称面 B 为长度方向的尺寸基准，宽方向以前后对称面 C 为基准（C 一般不画出），高方向以 $\phi9$ 孔轴线为基准。工作部分中 $\phi4^{+0.030}_{0}$ 孔的公差要求、表面结构要求较高，其次是安装部分的孔，其表面结构要求值得关注。

（3）归纳总结

图 7-2-5　摇臂立体图

图 7-2-6 泵体零件图

技术要求
1.未注圆角R2~3
2.不加工面应涂防锈漆

摇臂以圆筒为工作部分，安装部分为近似的圆筒上厚下薄，右边是斜平面，左边接有一夹紧结构，加强部分和连接部分是相互垂直的板形结构。工作部分的圆孔有尺寸公差要求，表面结构要求也较高，如图 7-2-5 所示。

4. 箱壳类零件

读如图 7-2-6 所示的零件图。

（1）概括了解

从标题栏可知，零件为泵体，材料是 HT200，比例 1∶2。该泵体是齿轮油泵的主要零件，用于安装和容纳齿轮和轴等零件。泵体的零件图用主视图 $A—A$、剖视图 $B—B$、左视图和右视图表达。

（2）详细分析

泵体的主视图为两相交平面剖切的全剖视图，$B—B$ 也是全剖视图，左视图采用局部剖视图，右视图为基本视图，分别表达泵体左端面上的安装螺孔、进出油口、安装底板上的安装孔等结构。由视图可知泵体是一个前后对称的机件，左边空腔容纳一对啮合齿轮，右边有安放密封装置的凸缘，泵体下部是与机座连接的安装底板。再分析泵体上各部分的局部结构，如泵体前后带有管螺纹的进出油口，左端面上有销孔和螺孔等。

泵体左端面是长度方向主要尺寸基准；泵体的前后对称平面是宽度方向主要尺寸基准；泵体底面是高度方向的主要尺寸基准。各部分的定形、定位尺寸及有关辅助基准读者可自行分析。泵体中的尺寸 $\phi 40^{+0.039}_{0}$，$24.9^{+0.033}_{0}$ 等，是设计时确定的重要尺寸，标注有尺寸公差要求。

零件图上标注的表面结构要求、极限与配合、几何公差以及热处理和表面处理等技术要求，是根据泵体在齿轮油泵中的作用和要求确定的。如泵体空腔内表面 $\phi 48^{+0.039}_{0}$ 与转动的齿轮配合，精度要求高，表面粗糙度 Ra 选用 $1.6\mu m$。

（3）归纳总结

把上述内容综合起来，就可得出泵体的完整形状，如图 7-2-7 所示。

图 7-2-7　泵体的立体图

二、注意事项

① 看零件图时，首先应该根据零件的名称进行分类，熟悉该类零件的功用、结构特征、视图表达、尺寸标注、技术要求等方面的特点。

② 应注意零件在部件或机器中的作用、运动状态，以及与其他零件的相互关系，从而理解零件的技术要求。

③ 具体看图时应紧紧围绕零件的形状结构、尺寸标注、技术要求三个方面来分析。

任务三 用 AutoCAD 绘制零件图

任务描述

用 AutoCAD 绘制端盖（见图 7-2-3）的零件图。

任务分析

本任务使用 AutoCAD 绘制零件图，包括了设置绘图环境、建立完整的图形样板，标注尺寸，填写技术要求等，这些内容在前面都已经作了介绍。为避免重复绘图，加快作图速度，本任务中使用了块操作。

相关知识

● 块操作
● 用 AutoCAD 绘制零件图的方法

一、块操作

在工程设计中，有许多图形需要重复使用，如螺钉、螺母等标准件的视图。AutoCAD可以将这些图形定义为块，供需要时随时调出，以避免重复绘图。

1. 创建块

【例题 1】 创建螺栓块，如图 7-3-1 所示。

图 7-3-1 螺栓

图 7-3-2 块定义对话框

操作步骤如下。

① 单击绘图工具栏创建块图标 （命令"B"），打开"块定义"对话框，在"名称"下拉列表框中输入"螺栓"，如图 7-3-2 所示。

② 单击"基点"选项区域的"拾取点"按钮，捕捉 A 点作为基点。

③ 单击"对象"选项区域的"选择对象"按钮，使用窗口选择模式选取该螺栓，按回车再回到"块定义"对话框。

④ 选择"对象"选项区域的"转换为块"选项，单击"确定"按钮，完成块定义。

⑤ 若当前图形中创建的块要在其他图形中使用，则需使用"写块"命令将块保存成一个同名文件，在其他图形中插入块的时候，选择插入文件的方式即可以将块插入进来。在命令行输入写块命令"W"，回车后弹出"写块"对话框，设置如图 7-3-3 所示，将"螺栓"块保存在磁盘上，便于今后调用。

图 7-3-3 "写块"对话框

2. 插入块

插入块命令可以将已定义的块，通过指定比例和旋转角度，插入当前图形中的指定位置。

单击绘图工具栏插入块图标（命令"I"），即可打开插入块对话框，如图 7-3-4 所示。

图 7-3-4 块"插入"对话框

【例题 2】 将图 7-3-5(a) 所示螺栓、垫片、螺母分别由基点 A、B、C 插入到 D、E、F 点，如图 7-3-5(d) 所示。

操作步骤如下。

（1）块定义

将图 7-3-5(a) 所示螺栓、垫片、螺母分别定义为块。块名依次为"螺栓"、"垫片"、"螺母"，基点分别为 A、B、C。

（2）插入块

分别插入图块"螺栓"、"垫片"、"螺母"。"插入点"选项均为"在屏幕上指定"，依次为 D、E、F，其他按默认值设置。如果要将图形中的对象作为单独对象而不是一个块插入，选择"分解"。结果如图 7-3-5(c) 所示。

图 7-3-5　螺栓、垫片、螺母块插入

（3）图形整理

将图中多余的图线进行修剪、删除（注意将块分解），如图 7-3-5（d）所示。

3. 块的属性

图 7-3-6　表面粗糙度属性块的插入

　　如果块中包含可变的非图形信息，如重量、规格等，则需定义块属性，在需要的时候可将信息提取出来，并可进行属性编辑。

　　要让一个块附带属性，首先需要绘制出块的图形并定义出属性，然后将图形对象连同属性一起创建成块。在插入这些块时会提示输入属性值。

　　下面以机械图中常用到表面粗糙度为例，介绍带属性块的创建与插入。

图 7-3-7　绘制块的形状和尺寸

　　【例题 3】　在图 7-3-6(a) 上标注粗糙度，结果为图 7-3-6(b) 所示。

　　操作步骤如下。

　　① 在图层 0 中绘制表面粗糙度符号，其形状、尺寸如图 7-3-7 所示。

　　② 定义属性和块。选择菜单"绘图→块→定义属性"，定义所需的属性如图7-3-8(a)所示。

(a)

(b)

图 7-3-8　"属性定义"对话框

　　③ 在命令行输入"W"，回车，弹出"写块"对话框，选择定义好的表面粗糙度图块，将其存储在磁盘上，单击"确定"按钮。

　　④ 选择菜单"插入→块"，插入包含属性的粗糙度图块，按照提示输入缩放比例、插入点、旋转角度和属性值（"对象捕捉"中设置自动捕捉"最近点"）。结果如图 7-3-6(b) 所示。

二、用 AutoCAD2008 绘制零件图的方法

　　① 分析零件特点，确定表达方案。

　　② 调用绘图样板或者设置绘图环境。

　　③ 将零件分成几个部分，确定绘图顺序。

　　④ 绘制定位线。

　　⑤ 依次画出各视图的轮廓线。

　　⑥ 绘制样条曲线、剖面线。

　　⑦ 标注尺寸、几何公差、表面粗糙度。

⑧ 打开所有层，重新布图。

⑨ 标注技术要求、填写标题栏。

⑩ 检查图形。

任务三指导

一、绘图步骤

用 AutoCAD 绘制端盖零件图（见图 7-2-3）的步骤如下。

1. 设置绘图环境

用 Limits 命令设置图形界限为 297×210（A4 图纸），图层可只设置细实线、粗实线和中心线层，若建图形样板文件，可尽量按不同用途多建图层。按标准设置工程字体和标注样式。

2. 绘制图框和标题栏

按标准边距用粗实线绘制图框（左边距 25，其余三边边距 5）。绘制标题栏，将其定义为带属性的块，以便今后使用。

若已经建立了图形样板，标题栏作成了块，则可直接调用，从而简化上述两步。

3. 绘制端盖

操作步骤如下。

（1）画端盖的主要轮廓

（a）　　　　　（b）

图 7-3-9　绘制主要轮廓线

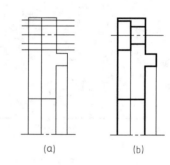

（a）　　　　　（b）

图 7-3-10　绘制沉孔

切换至中心线层，在图面的合适位置绘制水平轴线及左端面垂线。用偏移命令画出端盖外形及 $\phi68$、$\phi35$ 孔的轮廓线，如图 7-3-9（a）所示。修剪后得如图 7-3-9（b）所示的图形。注意图中只画了端盖的上一半，下一半在后面镜像得到。

（2）画沉孔

继续用偏移命令画出沉孔，如图 7-3-10（a）所示。修剪后得如图 7-3-10（b）所示的图形。

（3）画梯形断面密封槽

再次用偏移命令画出端盖孔内的梯形断面密封槽，如图 7-3-11（a）所示。修剪后得图 7-3-11（b）。

（4）镜像得到另一半

使用镜像得到端盖的下半部分，如图 7-3-12 所示。注意选择镜像对象时不要选择沉孔，只选择其轴线。

图 7-3-11 画梯形断面密封槽

图 7-3-12 镜像得另一半

（5）画局部放大图

在主视图中选择要放大的所有轮廓线，复制后再放大两倍，如图 7-3-13（a）所示。

用样条曲线画出波浪线，经修剪得图 7-3-13（b）。

（6）画剖面线

调整图中所有图线到各自需要的图层后，切换到细实线层，画出剖面线，如图 7-3-14所示。

图 7-3-13 画局部放大图

图 7-3-14 画剖面线

（7）标注尺寸

图层仍使用细实线层。常用尺寸的标注方法在前面已作了介绍。

（8）表面粗糙度的标注

可以利用我们前面建立的表面粗糙度块。注意块插入时，要选择"在屏幕上指定"复选框，并打开对象捕捉中的"最近点"捕捉，才能将表面粗糙度符号准确地标注在所需的位置。

（9）标注公差

标注公差代号和极限偏差时，可先用线性标注方式标注尺寸，然后选中所标尺寸，执行"修改→对象→文字→编辑"菜单命令进入文字编辑状态，删除原文字，输入要标注的文字和极限偏差。

（10）修整、检查图形

调整中心线至合适长度，若中心线不合适，用"Lts"命令，输入合适比例因子进行调整。

二、注意事项

① 块可以是绘制在几个图层上的不同颜色、线型等特性的对象组合。尽管总是在当前图层上，但块中保存原图层颜色等特性信息。图形中插入很多相同的块，并不会显著地增大图形文件。

② 在 AutoCAD 创建块的过程中，"0"图层是一个浮动图层，在此图层中的对象创建成的图块，其原始对象的其他特性（如颜色、线型、线宽等）都设置为逻辑属性"ByLayer"（随层），插入后将会随插入的当前图层的特性变化，而用其他图层中的对象创建的图块则保留原始图线所在图层的特性。所以最好将创建图块的原始图线放到"0"图层中。

③ 注意输入的文字与图块大小匹配及文字的角度。如果输入属性值后，图形比例、字体和文字位置不符合要求，可双击该属性，在弹出的"增强属性编辑器"对话框中进行修改，以达到所需要求。

④ 绘制复杂图形时，应视具体内容灵活绘图。一般应将复杂的图形分成几个简单的组成部分，逐一绘制，培养良好的绘图习惯。

任务四　看简单装配图

任务描述

读如图 7-4-1 所示齿轮油泵的装配图。

任务分析

要读懂齿轮油泵的装配图，先应了解装配图的作用和内容，熟悉装配图的表达方法和尺寸标注方法，掌握零件序号、明细栏的编写方法，再进而掌握读装配图的方法和步骤。

相关知识

● 装配图的作用和内容
● 装配图的表达方法
● 装配图上的标注（包括尺寸、零件序号、明细栏）
● 装配图的阅读

一、装配图的作用和内容

装配图是表达机器或部件（统称装配体）的连接、装配关系的图样。如图 7-4-2 所示为一球阀的装配图。

序号	代号	名称	数量	材料	备注
15	GB/T65—2000	螺钉M8×20	4		
14		压盖	1	Q235—A	
13		螺母	1	Q235—A	
12		填料	1	油毛毡	
11		泵体	1	HT200	
10	GB/T119—2000	销A5×30	2		
9		齿轮轴	1	45	m=4,z=10
8		从动轴	1	45	
7		从动齿轮	1	45	m=4,z=10
6		垫片	1	纸	
5		泵盖	1	HT200	
4		钢球	1	45	
3		弹簧	1	65Mn	
2		调节螺钉	1	Q235—A	
1		防护螺母	1	Q235—A	
序号	代号	名称	数量 重量	材料	备注

齿轮泵　比例 1:2　共1张 第1张

制图　　（日期）　　（学校、班级）　　（图号）

校核　　（日期）

技术要求

1. 装配后齿轮应运转灵活，各密封处不得有泄漏。
2. 两齿轮齿的啮合长度不小于齿宽的3/4。

图 7-4-1　齿轮油泵装配图

图 7-4-2　球阀的装配图

一张完整的装配图，一般包括五个方面的内容。

① 一组视图。表达机器或部件的工作原理、各零件之间的装配连接关系和零件的主要结构形状。

② 必要的尺寸。包括机器或部件的规格尺寸、装配尺寸、安装尺寸、外形尺寸及其他重要尺寸。

③ 技术要求。用文字或代号说明与机器或部件有关的性能、装配、检验、安装、调试和使用等方面的要求。

④ 零件序号、明细栏。对装配体上的每一种零件，按顺序用数字编写序号。明细栏用来说明各零件的序号、名称、数量、材料和备注等。

⑤ 标题栏。填写机器或部件的名称、图号、绘图比例以及责任人签名和日期等。

二、装配图的表达方法

装配图的表达方法，除了可用前面介绍的视图、剖视图、断面图等各种表达方法外，还可针对装配图的特点，使用下面的表达方法。

1. 装配图的规定画法

① 相邻两零件的接触面或配合面只画一条线。而非接触、非配合的两个表面，不论其间隙多小，都必须画出两条线，如图7-4-2所示。

② 相邻两零件的剖面线，其倾斜方向应相反或间隔不同；同一零件在不同视图上的剖面线，其倾斜方向及间隔应保持一致，如图7-4-2中的件1与件2，件1与件13。

③ 剖切面通过标准件、实心件的轴线或对称平面时，在剖视图中这些零件应按不剖处理。如图7-4-2所示，主视图中的阀杆就是按不剖绘制的。这些零件上的孔、键槽可采用局部剖视表达。

2. 装配图的特殊表达方法

（1）拆卸画法

为了使装配体中被挡部分能表达清楚，或者为避免重复，可假想将某些零件拆卸后再投影，如图7-4-2中的左视图，就是拆去零件13后绘制的。采用拆卸画法时，应在视图的上方注写"拆去件××"字样。

（2）沿零件的结合面剖切

在装配图中，可假想沿某些零件的结合面选取剖切平面进行剖切，如图7-4-1中的$C—C$剖视图，就是沿泵盖结合面剖切后画出的。图中结合面上不画剖面线，但螺钉被截断，应画出剖面线。

（3）假想画法

为了表示运动零件的极限位置或部件与相邻零件（或部件）的相互关系，可用双点画线画出其轮廓，如图7-4-2中的俯视图，其扳手的一个极限位置就是采用假想画法表示的。

（4）夸大画法

按实际尺寸难以画出的薄片零件、细丝弹簧、微小间隙等，可不按比例而适当夸大画出，或直接涂黑表示，见图7-4-1中的件6。

（5）简化画法

在装配图中，零件的工艺结构（圆角、倒角、退刀槽等）可不画出，如图7-4-3所示。相同的零件组（如螺栓连接组件等）可详细画出一组或几组，其余的用点画线表示，如图7-4-3中下部的螺钉。

螺钉倒角简化
轴承圆角简化
轴倒角省略
退刀槽简化

图7-4-3 简化画法

三、装配图上的标注

1. 装配图上的尺寸标注

装配图和零件图的功能不同，对尺寸标注的要求也不同。在装配图中，一般只需标注下列几种尺寸。

（1）规格尺寸

表明机器（或部件）的规格或性能的尺寸，是设计和用户选用该产品的主要根据，如图7-4-2中球阀孔径 $\phi25$，由该尺寸可计算出球阀流量的大小。

（2）装配尺寸

表明机器（或部件）中有关零件之间配合性质和主要相对位置的尺寸，如图7-4-1中齿轮轴与泵盖、泵体的配合尺寸 $\phi18H7/f7$ 等。

（3）安装尺寸

机器（或部件）安装时所需要的尺寸，如图7-4-1中的90、$2\times\phi11$ 等。

（4）外形尺寸

即机器（或部件）的总长、总宽、总高。它为包装、运输和安装所占空间的大小提供了依据，如图7-4-1中的尺寸165、120、120。

（5）其他重要尺寸

在设计中计算或选定的一些重要尺寸，如图7-4-1中两齿轮的中心距 40 ± 0.012。

需要说明的是，并不是每一张装配图都标注有上述五种尺寸，有的尺寸还可能同时具有多种作用。

2. 装配图中的序号和明细栏

为了便于看图，便于图样管理，对装配图中所有零、部件都必须编写序号，同时在标题栏上方的明细栏中与图中序号一一对应地予以列出。

（1）序号的编写方法

① 每种零件只编写一次序号（数量在明细栏内填明）。

② 编写序号的形式：指引线（细实线）应从零件的可见轮廓内画一圆点后引出，在指引线的另一端填写序号，也可画水平细实线或圆，如图7-4-4所示。

③ 零件序号应沿水平或垂直方向按顺时针（或逆时针）方向顺序排列整齐，并尽可能均匀分布，见图7-4-2。

④ 指引线互相不能相交，当指引线通过剖面区域时，不得与剖面线平行；必要时，可将指引线画成一次折线，如图7-4-4（d）所示。

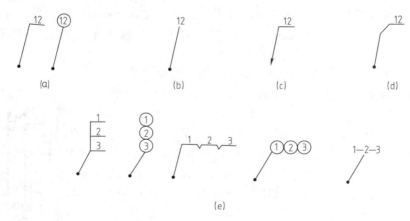

图 7-4-4　序号的编写方法

⑤ 一组紧固件或装配关系明显的零件组，可采用公共指引线，如图7-4-4（e）所示。

（2）明细栏

明细栏中包括序号、代号、名称、数量、材料、重量、备注等内容。通常画在标题栏上方，应自下而上顺序填写。如位置不够时，可紧靠在标题栏的左边自下而上延续，见图7-4-2。

四、装配图的阅读

1. 识读装配图要达到的要求

识读装配图总的要求是：通过看图了解各零件的相互位置，零件的连接和固定方法，哪些零件可以转动或移动，配合的松紧程度以及装拆顺序如何，装配时有些什么技术要求等。同时要结合读者的生产实践经验，全面了解机器或部件的性能、功用、工作原理、传动路线以及使用特点等。

2. 读装配图的方法和步骤

（1）概括了解

由标题栏可了解装配体的名称、大致用途；由外形尺寸可了解装配体的大小；由零件序号及明细栏可了解零件数量和标准件的数量，估计装配体的复杂程度。

（2）分析视图

了解视图的数量，弄清视图间的投影关系，以及各视图采用的表达方法，为进一步深入读图作准备。

（3）分析传动路线及工作原理

一般情况下可从图样上直接分析装配体的传动路线及工作原理，装配体比较复杂时，需参考产品说明书。

（4）分析装配关系

从工作原理入手，按装配干线逐个分析各零件的作用及相邻零件之间的相互关系，弄清其装配情况。

（5）分析零件结构形状

分析步骤如下：

① 分离视图。从表达某个零件最清晰的主视图入手，依据投影规律、序号、剖面线，借助尺规等在各个视图上区分出该零件的投影轮廓；

② 结合零件的功用及相邻零件的形状、加工和装配等因素，完善装配图上表达不完整的结构；

③ 依据视图，想象出零件完整的结构形状。

（6）归纳总结

通过分析，最后综合归纳，对装配体的工作原理、装配关系及主要零件的结构形状、尺寸、作用等形成一个完整、清晰的认识，想象出整个装配体的形状和结构。

任务四指导

一、看齿轮油泵装配图的步骤

1. 概括了解

由图7-4-1的标题栏可知该装配体为齿轮油泵，用于输送润滑油。齿轮油泵的外形尺寸是165mm、120mm、120mm，据此可知它的体积大小。该油泵共有15种零件，其中有2种标准件，属于较简单的部件。

2. 分析视图

齿轮油泵采用四个视图，分别是主视图、俯视图、左视图和$B—B$局部剖视图。主视图采用全剖视，表达齿轮油泵的主要装配关系；左视图采用半剖视，剖切面通过左泵盖 5 和泵体 11 的结合面剖切，可清楚地反映出油泵的外形和一对齿轮的啮合情况；左视图还采用了局部剖视，表达进、出油孔的结构；俯视图采用局部剖视图，可看清泵盖内安全装置的管路通道；采用 B—B 局部剖视图将泵体与泵盖之间的螺钉连接表达清楚。

3. 分析传动路线及工作原理

齿轮油泵的工作原理如图 7-4-5 所示（参看图 7-4-9）。当齿轮的啮合齿逐渐分开时，右侧进油口容积增大，压力降低，油被吸入泵内，随着齿轮的转动，齿槽内的油便被不断送到出油口。

4. 分析装配关系

从图 7-4-1 可以看出，齿轮油泵中件 7 和件 9 为一对相互啮合的齿轮，件 7 套装在轴 8 上，件 9 为一齿轮轴，左端装在泵盖 5 中，右端装在泵体 11 内，泵盖与泵体分别用两个圆柱销定位，4 个螺钉紧固件连接在一起。

齿轮轴与泵盖孔之间为间隙配合（ϕ18H7/f7），为了防漏，在泵体与泵盖的结合面处垫入了垫片 6；齿轮轴 9 的伸出端用填料 12 密封，压紧力是由压盖施加给填料的。

5. 分析零件结构形状

以泵盖 5 为例，分析步骤如下。

① 分离视图。从泵盖 5 的主视图入手，依据投影规律、序号、剖面线等，借助尺规在各个视图上区分出泵盖 5 的投影轮廓，如图 7-4-6 所示。

图 7-4-5 齿轮泵的工作原理　　　　　　　图 7-4-6 分离并补充视图

② 完善装配图上表达不完整的结构，如图 7-4-7 所示。

③ 依据视图，想象出零件完整的结构形状，如图 7-4-8 所示。

6. 归纳总结

通过上述分析，对齿轮油泵形成一个完整的认识，油泵的结构如图 7-4-9 所示。

二、注意事项

① 读装配图时，一定要先了解装配体的名称，从而大致了解其作用。

图 7-4-7　左泵盖的结构分析　　　　　　　　图 7-4-8　左泵盖的结构

图 7-4-9　齿轮泵的立体图

② 切记要看明细栏，并对照序号详细了解每个零件在装配体中的位置及有关信息。

③ 注意图中标有配合代号及尺寸公差的部位，分析其缘由。

化工制图模块

单元八　化工设备图

任务一　用草图拼画化工设备图

任务描述

① 从相关资料查出如图 8-1-1 所示储槽中标准件的尺寸。

② 按示意图用草图拼画出该设备的装配图。

③ 标注必要的尺寸。

管口表

符号	公称尺寸	连接尺寸标准	连接面形式	用途或名称
a	50	JB/T 81	平面	出料口
b1~4	15	JB/T 81	平面	液面计口
c	50	JB/T 81	平面	进料口
d	40	JB/T 81	平面	放空口
e	50	JB/T 81	平面	备用口
f	500	JB/T 21515	平面	人孔

注：各接管口的伸出长度均为120mm。

设计数据表

规范	《压力容器安全技术监察规程》2003年版　JB 4730-94《压力容器无损检测》GB150—1998《钢制压力容器》04-0106《设备开口接管焊接类型》		
		压力容器类型	
介质	酸	焊条型号	J422
介质特性		焊接规程	按JB/T 4709规定
工作温度/℃		焊接结构	除注明外采用全焊透结构
工作压力/MPaG		除注明外角焊缝腰高	
设计温度/℃	200℃	管法兰与接管焊接标准	按相应法兰标准
设计压力/MPaG	0.25	焊接接头类型 方法-检测-判标准-级别	
腐蚀裕量/mm	0.5	无损探伤 A,B 容器	
焊接接头系数	0.85	C,D 容器	
热处理		全容积	6.3m³
水压试验压力卧式/立式/MPaG	0.15	安装环境	
气密性试验压力/MPaG		无图零件切割表面粗糙度	√Ra 25
保温层厚度/防火层厚度/mm			
表面防腐要求		管口方位	管口方位按本图

图 8-1-1　储槽示意图

任务分析

任务中给定了示意图及管口表，没有给出相关零件图。由于化工设备的零部件大都已经标准化，因此，画图时要根据相关手册查阅这些零部件的具体结构和尺寸大小。另外，典型化工设备的表达方法及化工设备图图面的布局也相对较为固定，这些都是我们在完成本任务时应该注意和掌握的。

相关知识

● 化工设备图的内容
● 化工设备图的表达特点
● 化工设备图中焊缝的表示法
● 化工设备常用的标准化零部件

一、化工设备图的内容

表示化工设备的形状、结构、大小、性能和制造要求等内容的图样，称为化工设备图。化工设备图也按正投影原理和国家标准《技术制图》、《机械制图》的规定绘制，机械图的各种表达方法都适用于化工设备图。但化工设备有其自身的特点，因此，表达化工设备采用了一些特殊的表达方法。

图 8-1-2 是一台贮罐的化工设备图，包括以下内容。

1. 一组视图

用于表达化工设备的工作原理、各零部件间的装配关系和相对位置，以及主要零件的基本形状。

2. 必要的尺寸

化工设备图上的尺寸，是制造、装配、安装和检验设备的重要依据，主要包括以下几类尺寸。

① 特性尺寸。反映化工设备的主要性能、规格的尺寸，如图 8-1-2 中的筒体内径 $\phi1400$、筒体长度 2000 等。

② 装配尺寸。表示零部件之间装配关系和相对位置的尺寸，如图 8-1-2 中 500。

③ 安装尺寸。表明设备安装所需的尺寸，如图 8-1-2 中的 1200、840 等。

④ 外形（总体）尺寸。表示设备总长、总高、总宽（或外径）的尺寸。如容器的总长 2805、总高 1820、总宽 1412。

⑤ 其他尺寸。包括标准零部件的规格尺寸（如人孔的尺寸 $\phi480\times6$），经设计计算确定的尺寸（如筒体壁厚 6），焊缝结构形式尺寸等。

标注尺寸时应合理选择基准。化工设备图中常用的尺寸基准有下列几种（见图 8-1-3）。

① 设备筒体和封头的中心线；
② 设备筒体和封头焊接时的环焊缝；
③ 设备容器法兰的端面；
④ 设备支座的底面；
⑤ 管口的轴线与壳体表面的交线等。

在化工设备图中，允许将同方向（轴向）的尺寸注成封闭形式，并将这些尺寸数字加注圆括号"（　）"或在数字前加"≈"，以示参考之意。

图 8-1-2　贮罐装配图

3. 管口表

管口表用于说明设备上所有管口的用途、规格、连接面形式等，其格式如图 8-1-4 所示。

填写管口表时应注意以下几点。

① "符号"栏内用小写字母（与图中管口符号对应）自上而下填写。当管口规格、用途及连接面形式完全相同时，可合并填写，如 $a_{1\sim2}$。

(a) 卧式设备   (b) 立式设备

图 8-1-3 化工设备常用尺寸基准

符号	公称尺寸	连接尺寸、标准	连接面形式	用途或名称
10	20	(50)	15	25

图 8-1-4 管口表的形式

② "公称尺寸"栏内填写管口的公称直径。无公称直径的管口，则按管口实际内径填写。

③ "连接尺寸、标准"栏内填写对外连接管口的有关尺寸和标准；不对外连接的管口（如人孔、视镜等）不填写具体内容（参见图 8-1-2）；螺纹连接管口填写螺纹规格。

4. 设计数据表

设计数据表用于表明设备的主要技术数据、标准规范、检验要求等，如图 8-1-5 所示。

5. 技术要求

技术要求是用文字说明的设备在制造、试验和验收时应遵循的标准、规范或规定，以及对材料、表面处理及涂饰、润滑、包装、运输等方面的特殊要求，其基本内容包括以下几方面。

① 通用技术条件。通用技术条件是指同类化工设备在制造、装配和检验等方面的共同

15	设计数据表　DESIGN SPECIFICATION				10
规范 CODE	(注写规范的标准号或代号，当规范、标准无代号时标全名)				20
		压力容器类型 PRESS VESSEL CLASS			10
介质 FLUID		焊条型号 WELDING ROD TYPE		按JB/T 4709规定	
介质特性 FLUID PERFORMANCE		焊接规程 WELDING CODE		按JB/T 4709规定	
工作温度/℃ WORKING TEMP IN/OUT		焊接结构 WELDING STRUCTURE		除注明外采用全焊透结构	
工作压力/MPaG WORKING PRESS		除注明外角焊缝腰高 THICKNESS OF FILLET WELD EXCEPT NOTED			
设计温度/℃ DESIGN TEMP		管法兰与接管焊接标准 WELDING BETW PIPE FLANCE AND PIPE		按相应法兰标准	
设计压力/MPaG DESIGN PRESS		无损探伤 N.D.E 15	焊接接头类型 WELDED JOINT CATECORY	方法-检测率 EX.METHOD %	标准-级别 STD-CLASS
腐蚀裕量/mm CORR.ALLOW			A,B 容器 VESSEL		
焊接接头系数 JOINT EFF			C,D 容器 VESSEL	20	
热处理 PWHT		全容积 7.5 FULL CAPACITY			
水压试验压力 卧式/立式/MPaG HYDRO.TEST PRESS		安装环境 INSTALLATION ENVIROMENT			
气密性试验压力/MPaG GAS LEAKAGE TEST PRESS		无图零件切割表面粗糙度 ROUGHNESS OF THE CUTTING SURFACE OF PART WITHOUT DRAWING			
保温层厚度/防火层厚度/mm INSULA TION/FIRE PROTECTION					
表面防腐要求 REQUIREMENT FOR ANTI-CORROSION		管口方位 NOZZLE ORIENTATION			
50		50			n×10
90		90			

图 8-1-5　储槽的设计数据表

技术规范，已经标准化，可直接引用。

　　② 焊接要求。主要包括对焊接方法、焊条、焊剂等方面的要求。

　　③ 设备的检验。包括对设备主体的水压和气密性试验，对焊缝的探伤等。

　　④ 其他要求。设备在机械加工、装配、防腐、保温、运输、安装等方面的要求。

　6. 零部件序号、明细栏和标题栏

零部件序号、明细栏和标题栏与机械装配图一致，这里不再重复。

二、化工设备图的表达特点

（一）化工设备的基本结构及其特点

1. 化工设备的种类

　　① 容器。用于贮存原料、中间产品和成品等。其形状有圆柱形、球形等，图 8-1-6（a）为一圆柱形容器。

图 8-1-6　常见的化工设备

② 换热器。用于两种不同温度的物料进行热量交换，其基本形状如图 8-1-6(b) 所示。

③ 反应器。用于物料进行化学反应，或者使物料进行搅拌、沉降等单元操作。图 8-1-6 (c) 为一常用的反应器。

④ 塔器。用于吸收、洗涤、精馏、萃取等化工单元操作。塔器多为立式设备，其基本形状如图 8-1-6(d) 所示。

2. 化工设备的结构特点

① 设备的主体（壳体）一般由钢板卷制而成，如图 8-1-2 中贮罐的筒体。

② 设备的总体尺寸与某些局部结构（如壁厚、管口等）尺寸，往往相差很悬殊。如图 8-1-2 中贮罐的总长为"2805"，而筒体壁厚只有"6"。

③ 壳体上开孔和接管口较多。如图 8-1-2 所示的贮罐，就有一个人孔和五个接管口。

④ 零件间的连接常用焊接结构。如图 8-1-2 中鞍座（件 1、件 15）与筒体（件 5）之间就采用了焊接。

⑤ 广泛采用标准化、系列化零部件。如图 8-1-2 中的法兰（件 6）、人孔（件 9）、液面计（件 4）、鞍座（件 1 和件 15）等，都是标准化的零部件。

（二）化工设备图的表达特点

1. 视图的配置比较灵活

化工设备图的俯（左）视图可以配置在图面上任何位置，但必须注明"俯（左）视图"的字样。

当视图较多时，允许将部分视图画在数张图纸上。但主视图及明细栏、管口表、技术特性表、技术要求应安排在第一张图样上。

化工设备图中允许将零件图与装配图画在同一张图纸上。在化工设备图中已经表达清楚的零件，可以不画零件图。

2. 多次旋转的表达方法

设备壳体四周分布的各种管口和零部件，在主视图中可绕轴旋转到平行于投影面后画出，以表达它们的轴向位置和装配关系，而它们的周向方位以管口方位图（或俯、左视图）为准。如图 8-1-7 中的人孔 b 和液面计接管口 $a_{1,2}$，在主视图中就是旋转后画出的，它们的周向方位在俯视图中可以看出。

3. 管口方位的表达方法

管口在设备上的分布方位可用管口方位图表示。管口方位图中以中心线表明管口的方位，用单线（粗实线）画出管口，并标注与主视图相同的小写字母，如图 8-1-8 所示。

图 8-1-7　多次旋转的表达方法

图 8-1-8　管口方位图

4. 局部结构的表达方法

设备上按选定比例无法表达清楚的细小结构，可采用局部放大图（又称节点图）画出。必要时，还可采用几个视图表达同一细部结构，如图 8-1-9 所示。

图 8-1-9　局部放大图

5. 夸大画法

尺寸过小的结构（如薄壁、垫片、折流板等），可不按比例、适当地夸大画出。如图 8-1-2 中的筒体壁厚，就是夸大画出的。

6. 断开和分段（层）画法

部分结构相同（或按规律变化），总体尺寸很大的设备，为便于布图，可断开画出，如图 8-1-10 所示。

某些设备（如塔器）形体较长，又不适合用断开画法，则可把整个设备分成若干段（层）画出，如图 8-1-11 所示。

图 8-1-10　断开画法

图 8-1-11　设备分段表示法

7. 简化画法

（1）示意画法

已有图样表示清楚的零部件，允许用单线（粗实线）在设备图中表示。如图 8-1-12 所示的换热器，指引线所指的零部件，均采用单线示意画出。

图 8-1-12　示意画法

图 8-1-13　管法兰的简化画法

(a) 平焊法兰　　　　　　(b) 对焊法兰

（2）管法兰的简化画法

不论管法兰的连接面型式（平面、凹凸面、榫槽面）是什么，均可简化画成如图 8-1-13 所示的形式。

（3）重复结构的简化画法

① 螺栓孔和螺栓连接的简化画法。螺栓孔可用中心线和轴线表示，如图 8-1-14(a) 所示。螺栓连接可用符号"×"（粗实线）表示，如图 8-1-14(b) 所示。

② 填充物的表示法。设备中材料规格、堆放方法相同的填充物，在剖视图中，可用交叉的细实线表示，并用引出线作相关说明；材料规格或堆放方法不同的填充物，应分层表示，如图 8-1-15 所示。

(a) 螺栓孔　　　　(b) 螺栓连接

图 8-1-14　螺栓孔和螺栓连接的简化画法

③ 管束的表示法。设备中按一定规律排列或成束的密集管子，在设备图中可只画一根或几根，其余管子均用中心线表示，如图 8-1-16 所示。

④ 标准零部件和外购零部件的简化画法。标准零部件，在设备图中可按比例仅画出其特征外形简图，如图 8-1-17 所示。

外购零部件，在设备图中只需按比例用粗实线画出外形轮廓简图，在明细栏中应注写"外购"字样，如图 8-1-18 所示。

图 8-1-15　填充物的简化画法

图 8-1-16　密集管束的画法

(a)人孔　　　(b)接管　　　(c)视镜
图 8-1-17　标准零部件的简化画法

(a)电动机　　　(b)填料箱　　　(c)联轴器
图 8-1-18　外购零部件的简化画法

图 8-1-19　液面计的简化画法

图 8-1-20　设备整体的示意画法

⑤ 液面计的简化画法。带有两个接管的玻璃管液面计，可用细点画线和符号"＋"（粗实线）简化表示，如图 8-1-19 所示。

8. 设备的整体示意画法

设备的完整形状和有关结构的相对位置，可按比例用单线（粗实线）示意画出，并标注设备的总体尺寸和相关结构的位置尺寸，如图 8-1-20 所示。

三、化工设备图中焊缝的表示法

1. 焊接方法与焊缝型式

焊接方法现已有几十种。按 GB/T 5185—2005 规定，用阿拉伯数字代号表示各种焊接方法。表 8-1-1 是常用的焊接方法及代号。

表 8-1-1　焊接方法及代号（摘自 GB/T 5185—2005）

代号	焊接方法	代号	焊接方法	代号	焊接方法	代号	焊接方法
111	焊条电弧焊	22	缝焊	321	空气-乙炔焊	72	电渣焊
12	埋弧焊	25	电阻对焊	42	摩擦焊	91	硬钎焊
21	点焊	311	氧-乙炔焊	291	高频电阻焊	916	感应硬钎焊

构件在焊接后形成的结合部分称为焊缝。常见焊缝的接头型式如图 8-1-21 所示。

(a)对接接头　　(b)角接接头　　(c)T形接头　　(d)搭接接头

图 8-1-21　焊接接头的型式

2. 焊缝的规定画法

国家标准（GB/T 12212—2012）规定：在图样中可用符号表示焊缝，也可用图示法表示。在视图中画焊缝时，可见焊缝用栅线（细实线）表示，也可采用特粗线（$2d \sim 3d$）表示；在剖视图或断面图中，焊缝应涂黑表示，如图 8-1-22 所示。

图 8-1-22　焊缝的规定画法

对常压、低压设备，剖视图上的焊缝应画出焊缝的剖面并涂黑；视图中的焊缝可省略不画，如图 8-1-23 所示。

对中、高压设备或其他设备上重要的焊缝，需用局部放大图详细画出焊缝结构的形状和有关尺寸，如图 8-1-24 所示。

3. 焊缝符号表示法

分布简单的焊缝，可用焊缝符号表示。焊缝符号一般由基本符号和指引线组成。必要时还可加上辅助符号、补充符号和焊缝尺寸符号。

基本符号：表示焊缝横截面形状的符号，它近似于焊缝的横截面形状，见表 8-1-2。

图 8-1-23　设备图中焊缝的画法

图 8-1-24　焊缝的局部放大图

补充符号：补充说明焊缝某些特征而采用的符号，见表 8-1-3。

表 8-1-2　**焊缝符号及标注方法**（摘自 GB/T 324—2008）

名称	图形符号	示意图	图示法	焊缝符号表示法	说　明
I 形焊缝	‖				焊缝在接头的箭头侧，基本符号标在基准线的实线一侧
带钝边 V 形焊缝	Y				
V 形焊缝	V				焊缝在接头的非箭头侧，基本符号标在基准线的虚线一侧
带钝边 U 形焊缝	Y				
角焊缝	◿				标注对称焊缝及双面焊缝时,可不画虚线

表 8-1-3　补充符号（摘自 GB 324—2008）

名　称	符　号	示　意　图	说　明
平面符号	─		辅助符号 表示焊缝表面平齐
凹面符号	⌣		辅助符号 表示焊缝表面凹陷
凸面符号	⌒		辅助符号 表示焊缝表面凸起
三面焊缝符号	⊏		补充符号 表示三面带有焊缝,符号开口方向与实际方向一致
周围焊缝符号	○		补充符号 表示环绕工件周围均有焊缝
现场符号	◣		补充符号 表示在现场或工地上进行焊接

焊缝的尺寸符号用字母表示，在需要注明焊缝尺寸时才标注，见表 8-1-4。

表 8-1-4　焊缝尺寸符号及含义

符号	名　称	符号	名　称	符号	名　称	符号	名　称
δ	工件厚度	c	焊缝宽度	h	余高	e	焊缝间距
α	坡口角度	R	根部半径	β	坡口面角度	n	焊缝段数
b	根部间隙	K	焊脚尺寸	S	焊缝有效厚度	N	相同焊缝数量
p	钝边	H	坡口深度	l	焊缝长度		

4. 焊缝的标注

（1）焊缝指引线

焊缝指引线如图 8-1-25 所示，箭头用细实线绘制并指向焊缝处，基准线是两条相互平行的细实线和虚线。焊接方法（代号）可注写在基准末端尾部符号后，见图 8-1-25(b)。

图 8-1-25　指引线

图 8-1-26　焊缝画法及标注

（2）焊缝的标注方法

重要的焊缝除用图示法绘制外，通常还应标注焊缝符号，并用局部放大图详细画出焊缝结构和有关尺寸，参见图 8-1-24。简单焊缝只需标注焊缝符号，如图 8-1-26 所示。表 8-1-5 是几种常见焊缝的标注示例。

表 8-1-5　焊缝画法及标注实例

焊缝型式及图示法	标注示例	说　　明
		①埋弧焊，钝边 V 形连续焊缝，焊缝位于箭头侧，钝边 $p=2mm$，根部间隙 $b=2mm$，坡口角度 $\alpha=60°$ ②手工电弧焊，连续、对称角焊缝，焊角尺寸 $K=3mm$
		埋弧焊，钝边 U 形连续焊缝，焊缝位于非箭头侧，钝边 $p=2mm$，根部间隙 $b=2mm$
		I 形断续焊缝，焊缝位于箭头侧，焊缝段数 $n=4$，每段焊缝长度 $l=6mm$，焊缝间距 $e=4mm$，焊缝有效厚度 $S=4mm$

四、化工设备常用的标准化零部件

化工设备的零部件大都已经标准化，如筒体、封头、支座、各种法兰等，如图 8-1-27 所示。下面介绍几种常用的标准件。

1. 筒体

筒体是化工设备的主体部分，一般由钢板卷焊成型。其主要尺寸是直径、高度（或长度）和壁厚。卷焊成型的筒体，其公称直径为内径。直径小于 500mm 的筒体，采用无缝钢管制作，其公称直径指钢管的外径。压力容器筒体的直径系列见表 8-1-6。

筒体的壁厚有经验数据可供选用，见附表 17。

标记示例：公称直径为 1200 的容器筒体。

筒体　GB/T 9019—2001　DN 1200

在明细栏中，采用"$DN1400\times6$，$H(L)=2000$"的形式来表示内径为 1400，壁厚 6，高（长）为 2000 的筒体。

图 8-1-27　标准化零部件

1—液面计；2—人孔；3—补强圈；4—管法兰；
5—接管；6—筒体；7—支座；8—封头

表 8-1-6 压力容器筒体公称直径（摘自 GB/T 9019—2001） mm

钢板卷焊（内径）											
300	350	400	450	500	550	600	650	700	750	800	900
1000	1100	1200	1300	1400	1500	1600	1700	1800	1900	2000	2100
2200	2300	2400	2500	2600	2800	3000	3200	3400	3500	3600	3800
4000	4200	4400	4500	4600	4800	5000	5200	5400	5500	5600	5800
6000	—	—	—	—	—	—	—	—	—	—	—

无缝钢管（外径）					
159	219	273	325	337	426

2. 封头

封头安装在筒体的两端，与筒体一起构成设备的壳体，参见图 8-1-27。

封头有椭圆形、锥形等多种，常见的是椭圆形封头，其长轴是短轴的 2 倍，如图 8-1-28（a）所示。封头与筒体可直接焊接，也可焊上容器法兰连接。

当筒体由钢板卷焊成型时，配套使用的封头公称直径为内径，封头代号为 EHA，如图 8-1-28(b) 所示；当采用无缝钢管作筒体时，配套使用的封头公称直径为外径，封头代号为 EHB，如图 8-1-28(c) 所示。

(a)   (b)   (c)

图 8-1-28 椭圆形封头

标记示例：内径为 1600，名义厚度 18，材质为 16MnR 的椭圆形封头。

EHA 1600×18-16MnR JB/T 4746

图 8-1-29 法兰连接

1—筒体（接管）；2—螺栓；3—螺母；
4—垫圈；5—法兰；6—垫片

标准椭圆形封头的规格和尺寸系列，参见附表18。

3. 法兰

化工用标准法兰有管法兰和压力容器法兰（又称设备法兰），如图 8-1-29 所示。

标准法兰的公称直径（DN）和公称压力（PN）是主要参数，管法兰的公称直径指被连接管道的外径，压力容器法兰的公称直径为所连接的筒体（或封头）的内径。

（1）管法兰

管法兰主要用于管道的连接。按其与管道的连接方式分为：板式平焊法兰、对焊法兰、整体法兰和法兰盖等，如图 8-1-30 所示。

法兰密封面型式主要有凸面、凹凸面和榫

槽面三种，如图 8-1-31 所示。

(a) 板式平焊法兰(PL)　　　(b) 对焊法兰(WN)　　　(c) 整体法兰(IF)　　　(d) 法兰盖(BL)

图 8-1-30　管法兰的结构型式

(a) 突面型密封面(RF)　　　(b) 凸凹面型密封面(MFM)　　　(c) 榫槽型密封面(TG)

图 8-1-31　管法兰密封面型式

标记示例：管法兰的公称直径为 100，公称压力为 2.5MPa、尺寸系列为 2 的凸面板式钢制管法兰。

JB/T 81—1994　法兰 100—2.5

凸面板式平焊钢制管法兰规格可参见附表 19。

（2）压力容器法兰

压力容器法兰用于设备筒体与封头的连接。其结构型式有甲型平焊法兰、乙型平焊法兰和长颈对焊法兰三种。密封面型式有平面密封面（分三种型式，代号分别为 PI、PII、PIII），榫（S）槽（C）密封面，凹（A）凸（T）密封面等，其密封面结构如图 8-1-32 所示。

图 8-1-32　压力容器法兰的结构型式

设备法兰尺寸规格参见附表 20。

4. 人孔和手孔

为了安装、检修或清洗设备内件，在设备上通常开设有人孔或手孔，如图 8-1-33 所示。

手孔直径标准有 $DN150$ 和 $DN250$ 两种。人孔的大小，应便于人的进出，同时要避免开孔过大影响器壁强度。人（手）孔的结构有多种型式，只是孔盖的开启方式和安装位置不同。人（手）孔的有关尺寸见附表 21。

图 8-1-33 人（手）孔的基本结构

5. 支座

支座用来支承和固定设备，有多种型式。下面介绍两种较常用的支座。

（1）耳式支座

耳式支座简称耳座（悬挂式支座），用于立式设备，其结构形状如图 8-1-34 所示。

耳式支座有 A 型、AN 型（不带垫板）、B 型、BN 型（不带垫板）四种型式。A 型（AN 型）用于一般立式设备，B 型（BN 型）适用于带保温层的立式设备。耳式支座的结构尺寸见附表 22。

标记示例：B 型带垫板 3 号耳式支座，厚度为 12mm。

JB/T 4725—1992 耳座 B3，$\delta=12$

图 8-1-34 耳式支座
1—筒体；2—垫板；3—肋板；4—底板

（2）鞍式支座

鞍式支座用于卧式设备，其结构如图 8-1-35 所示。

鞍式支座分为轻型（代号 A）、重型（代号 B）两种类型。重型鞍座又有五种型号，代号为 BⅠ～BⅤ。每种类型的鞍座又分为 F 型（固定式）和 S 型（滑动式），且 F 型与 S 型配对使用。鞍式支座的结构尺寸，见附表 23。

标记示例：公称直径为 900、重型带垫板、120°包角的滑动式鞍式支座。

JB/T 4712—1992 鞍座 B 900—S

6. 补强圈

设备壳体开孔过大时用补强圈来增加强度。补强圈的结构如图 8-1-36 所示。补强圈的

图 8-1-35　鞍式支座

图 8-1-36　补强圈

形状应与被补强部分壳体的形状相符合（见图8-1-37）。补强圈的结构尺寸见附表24。

标记示例：厚度为 8、接管公称直径 $DN100$、坡口类型为 D 型、材料为 Q235—B 的补强圈。

JB/T 4736—2002　补强圈　$DN100\times8—D—Q235—B$

五、化工设备图的画法

绘制化工设备图的步骤大致如下。

1. 复核资料

画图之前，为了减少画图时的错误，应联系设备的结构对化工工艺所提供的资料进行详细核对，以便对设备的结构做到心中有数。

2. 作图

（1）选定表达方案

通常对立式设备采用主、俯两个基本视图，而卧式设备采用主、左两个基本视图，来表达设备的主体结构和零部件间的装配关系。再配以适当的局部放大图，补充表达基本视图尚未表达清楚的部分。主视图一般采用全剖视（或者局部剖视），各接管用多次旋转的方法画出。

（2）确定视图比例，进行视图布局

图 8-1-37　补强圈被焊接后的形状结构

按设备的总体尺寸确定基本视图的比例并选择好图纸的幅面。

化工设备图的视图布局较为固定，可参照有关立式设备和卧式设备的装配图进行。

（3）画视图底稿和标注尺寸

布局完成后，开始画视图的底稿。画图时，一般按照"先画主视后画俯视；先画外件后画内件；先定位后定形；先主体后零部件的顺序进行"。

视图的底稿完成后，即可标注尺寸。

（4）编写各种表格和技术要求

完成明细栏、管口表、设计数据表、技术要求和标题栏等内容。

（5）检查、描深图线

底稿完成后，应对图样进行仔细全面检查，无误后再描深图线。

任务一指导

一、绘图步骤

绘制图 8-1-1 所示的储槽的化工设备图，步骤如下。

1. 复核资料

由工艺人员提供的资料，须复核以下内容。

① 设备示意图，如图 8-1-1 所示。

② 设备容积：$V_g = 6.3 \text{m}^3$。

③ 设计压力：0.25MPa。

④ 设计温度：200℃。

⑤ 管口表：见表 8-1-7。

表 8-1-7　储槽管口表

符　号	公称尺寸	连接面形式	公称压力	用　途	备　注
a	$DN50$	平面	$PN0.25$	出料口	
$b_{1\sim4}$	$DN15$	平面	$PN0.25$	液面计口	
c	$DN50$	平面	$PN0.25$	进料口	
d	$DN40$	平面	$PN0.25$	放空口	
e	$DN50$	平面	$PN0.25$	备用口	
f	$DN500$	平面	$PN0.25$	人孔	

2. 具体作图

① 选择表达方案。根据储槽的结构，可选用两个基本视图（主、俯视图），并在主视图中作剖视以表达内部结构，俯视图表达外形及各管口的方位。此外，还用一个局部放大图详细表达人孔、补强圈和筒体间的焊缝结构及尺寸。

② 确定比例、进行视图布局。选用 1∶10 的比例，视图布局如图 8-1-38（a）所示。

③ 画视图底稿。画图时，从主视图开始，画出主体结构即筒体、封头，如图 8-1-38（b）所示。在完成壳体后，按装配关系依次画出接管口、支座（支座尺寸见图 8-1-39）等外件的投影，如图 8-1-38（c）所示。最后画局部放大图，如图 8-1-38（d）所示。

④ 检查校核，修正底稿，加深图线。

⑤ 标注尺寸，编写序号，画管口表、设计数据表、标题栏、明细栏、注写技术要求，完成全图，如图 8-1-40 所示。

图 8-1-38　储槽装配图的作图步骤

二、注意事项

① 画图前要根据相关资料查出标准件的尺寸并搞清零件的具体结构。

② 应选定合适的作图比例，并按一般规则进行图面的布局。

③ 虽然本任务作的是草图，但作图时不得草率，必须完全按化工设备图的所有内容和要求作图，即使图线也应尽量画得符合国家标准。

图 8-1-39 耳式支座的尺寸

任务二 阅读化工设备图

任务描述

读如图 8-2-1 所示列管式固定管板换热器装配图。

任务分析

本任务是根据化工设备装配图，读懂图中所给出的所有相关信息，如零部件的装配连接关系，零件的形状结构，装配尺寸，技术要求等。因此要能够读懂给出的化工设备装配图，应熟悉读图的目的，掌握读图的要求和步骤。

相关知识

● 阅读化工设备装配图的基本要求
● 阅读化工设备装配图的方法和步骤

一、阅读化工设备装配图的基本要求

阅读化工设备装配图，应达到以下基本要求。

① 弄清设备的用途、工作原理、结构特点和技术特性。

② 搞清各零部之间的装配关系和有关尺寸。

③ 了解零部件的结构、形状、规格、材料及作用。

④ 搞清设备上的管口数量及方位。

⑤ 了解设备在制造、检验和安装等方面的标准和技术要求。

二、阅读化工设备装配图的方法和步骤

1. 概括了解

图 8-1-40　储槽装配图

从标题栏了解设备名称、规格、绘图比例等内容；从明细栏和管口表了解各零部件和接
管口的名称、数量等；从设计数据表及技术要求中了解设备的有关技术信息。

2. 详细分析

① 分析视图。分析设备图上有哪些视图，各视图采用了哪些表达方法，这些表达方法
的目的是什么。

② 分析各零部件之间的装配连接关系。从主视图入手，结合其他视图分析各零部件之

图 8-2-1 列管式固定管板换热器

管口表

符号	公称尺寸	连接尺寸、标准	连接面形式	用途或名称
a	200	PN1DN200JB/T81	平面	冷却水出口
b	200	PN1DN200JB/T81	凹面	甲醇蒸气入口
c	20	PN1DN20JB/T81	凹面	放气口
d	70	PN1DN70JB/T81	凸面	甲醇物料出口
e	20	PN1DN20JB/T81	凸面	排净口
f	200	PN1DN200JB/T81	平面	冷却水入口

设备总质量:3540kg

技术要求

1. 焊接采用电焊。
2. 补强圈及接管焊接参考 GB150—1998。
3. 壳体焊缝应进行无损探伤检查。
4. 设备制造完毕后,壳程及管程分别以 1MPa 进行水压试验。

腐蚀裕量/mm		2		
焊接接头系数		0.85	0.85	
程数		1.5		
焊接接头类型	壳程 A,B	管程 C,D		
无损探伤	壳体 I	管程 II		
水压试验压力(卧式立式)/MPaG				
气密性试验压力/MPaG				
保温层厚度/防火层厚度/mm				
换热面积(外径)/m²	107.5			
表面防腐要求				

$\sqrt{Ra\,25}$

见管口方位图

Ⅱ 1:1

Ⅰ 1:1

折流板排列水平投影示意图

256×13(=3328)
264 6

28	S20-056-3	顶丝 M20	8	Q235-A	
27	JB/T4704	垫片 800-0.6	1	耐油橡胶石棉板	
26	JB/T81	法兰 20-10	1	Q235-A	
25	JB/T4712	鞍座 B1800-F·S	2	Q235-A·F	
24		筒体 φ800	1	16MnR	
23	JB/T81	法兰 70-10	1	Q235-A	
22		接管 φ76×4	1	10	
21	JB/T4737	椭圆封头 DN800×10	1	Q235-A	
20	S20-056-1	前管板	1	16MnR	
19	JB/T4704	垫片 800-0.6	1	耐油橡胶石棉板	
18	S20-056-2	管箱	1	16MnR	
17	JB/T81	法兰 20-10	1	Q235-A	
16		接管 φ25×3	16	Q235-A	
15		换热管 φ25×2.5	472		l=3000
14	GB/T41	螺母 M12	16		
13	S20-056-3	折流板	14	Q235-A	t=10
12	S20-056-3	拉杆 φ12	6	16MnR	l=2908
11	S20-056-3	拉杆 φ12	2	Q235-A	l=2320
10		定距管 φ25×2.5	8	10	l=930
9		定距管 φ25×2.5	20		l=460
8		定距管 φ25×2.5	2		l=856
7		定距管 φ25×2.5	6		l=386
6	JB/T81	法兰 200-10	1	Q235-A	l=217
5		接管 φ219×6	1		l=157

序号	图号或标准	名称	数量	材料	备注

4	S20-056-2	前管板	1	16MnR	
3	GB/T41	螺母 M20	4.8		
2	GB/T5780	螺栓 M20×40	4.8		
1	S20-056-2	管箱	1		
序号	图号或标准	名称	数量	材料	备注

	(设计单位)			
		固定管板换热器	比例 1:10	
制图			质量	
设计			S20-056-1	
描图		φ800×3000		
审核			共 张 第 张	

间的相对位置及装配连接关系。

③ 分析零部件结构。对照图样和明细栏中的序号，逐一分析各零部件的结构、形状和尺寸。标准化零部件的结构，可查阅有关标准。

有图样的零部件，则应查阅相关的零部件图，弄清楚其结构。

④ 分析技术要求。通过阅读技术要求，可了解设备在制造、检验、安装等方面的要求。

3. 归纳总结

通过详细分析后，将各部分内容综合归纳，从而得出设备完整的结构形状，进一步了解设备的结构特点、工作特性和操作原理等。

任务二指导

一、读图步骤

读列管式固定管板换热器装配图（图 8-2-1）。

1. 概括了解

从标题栏、明细栏、设计数据表等可知，该设备是列管式固定管板换热器，用于使两种不同温度的物料进行热量交换，壳体内径为 $DN800$，换热管为长度 3000，换热面积 $F=107.5\mathrm{m}^2$，绘图比例 1:10，由 28 种零部件所组成，其中有 11 种标准件。

管程内的介质是水，工作压力为 0.45MPa，操作温度为 40℃，壳程内的介质是甲醇，工作压力为 0.5MPa，操作温度为 67℃。换热器共有 6 个接管，其用途、尺寸见管口表。

该设备采用了主视图、$A—A$ 剖视图、4 个局部放大图和 1 个示意图，另外画有件 20 的零件图。

2. 详细分析

① 视图分析。主视图采用局部剖视，表达了换热器的主要结构，各管口和零部件在轴线方向的位置和装配情况；为省略中间重复结构，主视图还采用了断开画法；管束仅画出了一根，其余均用中心线表示。

各管口的周向方位和换热管的排列方式用 $A—A$ 剖视图表达。

局部放大图Ⅰ、Ⅱ表达管板与有关零件之间的装配连接关系。为了表示出件 12 拉杆的投影，将件 9 定距管采用断裂画法。示意图表达了折流板在设备轴向的排列情况。

② 装配连接关系分析。筒体（件 24）和管板（件 4、件 18），封头和容器法兰（两件组合为管箱件 1、件 21）采用焊接，具体结构见局部放大图Ⅰ；各接管与壳体的连接，补强圈与筒体及封头的连接均采用焊接；封头与管板采用法兰连接；法兰与管板之间放有垫片（件 27）形成密封，防止泄漏；换热管（件 15）与管板的连接采用胀接，见局部放大图Ⅳ。

拉杆（件 12）左端螺纹旋入管板，拉杆上套入定距管用以固定折流板之间的距离，见局部放大图Ⅲ；折流板间距等装配位置的尺寸见折流板排列示意图；管口轴向位置与周向方位可由主视图和 $A—A$ 剖视图读出。

③ 零部件结构形状分析。设备主体由筒体（件 24）、封头（件 1、件 21）组成。筒体内径为 800，壁厚为 10，材料为 16MnR，筒体两端与管板焊接成一体。左右两端封头（件 1、件 21）与设备法兰焊接，通过螺栓与筒体连接。

换热管（件 15）共有 472 根，固定在左、右管板上。筒体内部有弓形折流板（件 13）14 块，折流板间距由定距管（件 9）控制。所有折流板用拉杆（件 11、12）连接，左端固定在管板上（见放大图Ⅲ），右端用螺栓锁紧。折流板的结构形状需阅读折流板零件图。

鞍式支座和管法兰均为标准件，其结构、尺寸需查阅有关标准确定。

管板另有零件图，其他零部件的结构形状读者自行分析。

④ 了解技术要求。从技术要求可知，该设备按《钢制管壳式换热器》、《压力容器无损检测》进行设计、制造、试验和验收，采用电焊，焊条型号为 T422。制造完成后，要进行焊缝无损探伤检查和水压试验。

3. 归纳总结

由上面的分析可知，换热器的主体结构由筒体和封头构成，其内部有 472 根换热管和 14 块折流板。

设备工作时，冷却水从接管 f 进入换热管，由接管 a 流出；甲醇蒸气从接管 b 进入壳体，经折流板曲折流动，与管程内的冷却水进行热量交换后，由接管 d 流出。

二、注意事项

① 看图时应根据读图的基本要求，着重分析化工设备的零部件装配连接关系、非标准零件的形状结构、尺寸关系以及技术要求。

② 化工设备中结构简单的非标准零件往往没有单独的零件图，而是将零件图与装配图画在一张图纸上。

③ 应联系实际分析技术要求。技术要求要从化工工艺、设备制造及使用等方面进行分析。

任务三 用 AutoCAD 绘制化工设备图

任务描述

利用块、复制等功能，用 AutoCAD 绘制贮罐装配图（见图 8-1-2）。

任务分析

化工设备中标准化零部件较多，绘图时它们的大小多变，但视图却相对不变。要提高绘图速度，应避免重复绘制这些零件。另外，标题栏、明细栏等格式不变，但其中的填写内容有变化。在 AutoCAD 中使用块、块属性和复制命令等，正好能达到上述目的。因此，在完成本任务时，除了灵活运用前面所学过的相关命令外，还应着重掌握块的运用。

相关知识

● 用块制作表格
● 用 AutoCAD 绘制化工设备图的方法和步骤

一、用块制作化工设备图中的表格

化工设备图中的表格较多，在画图前，可把每一种表格用带属性块的方式存储在磁盘上，以便今后绘图时调用。

以管口表为例，创建带属性块的步骤如下。

（1）绘制一行表格

按尺寸绘制管口表的一行，如图 8-3-1 所示。

图 8-3-1　管口表的一行

图 8-3-2　"符号"属性的定义

（2）定义属性

以定义"符号"属性为例，操作如下。

选择菜单"绘图→块→定义属性"，弹出"属性定义"对话框。

设置内容如图 8-3-2 所示。

属性定义好的表如图 8-3-3 所示。

（3）定义块

输入命令"W"并回车，弹出"写块"对话框，设置如图 8-3-4 所示。注意捕捉左上角为基点。按"确定"完成块定义。

在使用该块时，每次可创建管口表的一行。表头应单独作一个块，不需要定义属性。

化工设备图中其他表格的定制可仿照上述方法进行。

图 8-3-3　属性定义后的表

图 8-3-4　设置"写块"对话框

二、用 AutoCAD 绘制化工设备图的方法和步骤

1. 准备化工设备标准零部件的相关资料

作图时，应准备好化工设备标准零部件的相关资料，以备随时查用。

2. 作图

由于化工设备的尺寸较大，为便于作图，画图时可先按 1∶1 绘图，画完后再按比例将图形缩小。在标注尺寸时，应在标注样式中将尺寸数字的测量单位比例加大相应的倍数，这样标注的尺寸数字不会因图形缩小而改变。

（1）设置图幅，图层

用 limits 命令设置图形界限为 841×1189（即 A0），图层设置如图 8-3-5 所示。

图 8-3-5　设置图层

（2）画作图基准线和筒体轮廓线

按给定尺寸绘制作图基准线和筒体轮廓线。平行的两线可使用"偏移"命令绘制，如图 8-3-6 所示。

图 8-3-6　画作图基准线和筒体轮廓

（3）绘制封头

查得封头曲面高度 H＝375。先用偏移命令画出直边（偏移距离 25），再用椭圆命令绘制椭圆（使用"中心"选项），修剪图线后如图 8-3-7 所示。

（4）绘制接管和法兰、人孔及鞍式支座

接管和法兰可不按比例，适当夸大画出。

查出鞍式支座的有关尺寸，画出鞍式支座的视图。左视图中与水平成 30°角的两根点画线，可利用极轴追踪模式辅助画出（设置增量角 30°）。

图 8-3-7 画封头

画好的图形如图 8-3-8 所示。

（5）画其他细节，完善视图

画出主视图中的两个局部剖视，壁厚（6mm）夸大画出。波浪线用样条曲线画出后进行修剪得到，如图 8-3-9 所示。

（6）将图形缩小

按 1∶5 的比例要求，用"修改→缩放"命令将所有图形缩小，比例因子设为 0.2。这样图形就可放置在 A0 图纸中。

三、标注尺寸

按图中的要求标注尺寸，由于图样进行了缩放，因此要注意在标注样式中设置数字测量单位比例为 5，这样在图中的尺寸数字与实际数字相符，如图 8-3-10 所示。

图 8-3-8 画接管、法兰、人孔和鞍座

图 8-3-9 完善视图

标注尺寸的步骤略，请读者自行完成。

图 8-3-10　设置数字测量单位比例

四、其他

最后画边框线、填写标题栏、管口表、技术特性表，写技术要求等。如果事先制作了块并存储在磁盘上，可直接插入，否则应全部从头制作。

任务三指导

在绘图过程中，应该注意以下几点。

① 尽量利用块，以简化作图。

② 相互平行的线，特别是定位基准线，可利用"偏移"命令绘制，比较方便快捷。

③ 不方便定位的图线，可多利用辅助线作图。

④ 尺寸过小的结构，如壁厚、接管口等，可不按实际尺寸而用夸大的方法绘图。

⑤ 图形缩小后，用 AutoCAD 自动标注的尺寸数字会变小，可通过修改尺寸样式中数字测量单位的比例，来得到实际大小的尺寸数字。

单元九 化工工艺图

任务一 画工艺流程图

任务描述

① 用 A2 图纸抄画出如图 9-1-1 所示的工艺流程图。

② 仔细分析图中的线型及线宽差异。

③ 进行必要的标注，分析图中标注的内容。

任务分析

图 9-1-1 为空压站工艺管道及仪表流程图，图中表达了化工生产从原料到成品的整个过程，如物料的来源和去向，采用了哪些生产设备，生产过程中的控制方式等。这种图样是化工生产过程中最常用到的技术文件，是化工工程技术人员必须掌握的交流工具。要完成本任务，必须搞清楚如何表示物料的来源与去向，如何表达流程图中的生产设备和仪表控制点等内容，达到能绘制和读懂工艺流程图的目的。

相关知识

● 工艺方案流程图

● 工艺管道及仪表流程图

工艺流程图是用来表达化工生产过程与联系的图样。常见的工艺流程图有以下几种。

一、工艺方案流程图

工艺方案流程图（简称方案流程图），是表达化工生产过程的一种示意性图样。它以工艺装置的主项为单元进行绘制，按工艺流程顺序，将设备和工艺流程线从左至右展开画在同一平面上，并附以必要的标注和说明。

图 9-1-2 为脱硫系统方案流程图，从图中可知：来自配气站的天然气，经罗茨鼓风机（C0701）加压后送入脱硫塔（T0702），同时，来自氨水储罐（V0703）的稀氨水，经氨水泵（P0704A）打入脱硫塔中，在塔中气液两相逆流接触，经化学吸收，将天然气中有害物质硫化氢脱除。脱硫后的天然气进入除尘塔（T0707），经水洗除尘后去造气工段。从脱硫塔出来的废脱硫液经过脱硫水泵（P0704B）送入再生塔（T0706），与空气鼓风机（C0705）送入的空气逆向接触，空气吸收脱硫液中的硫化氢，产生的酸性气体送到回收工段的硫黄回收装置（图中未画）；由再生塔出来的再生脱硫液经氨水泵（P0704A）打入脱硫塔循环使用。

1. 方案流程图的画法

（1）设备的画法

方案流程图中的设备用轮廓示意图表示，采用细实线绘制。一般不按比例绘图，但要反映出设备的相对大小及高低位置。

设备上重要管口的位置，应大致符合实际情况。

图 9-1-1 空压站工艺管道及仪表流程图

图 9-1-2 方案流程图

C0701 罗茨鼓风机　T0702 脱硫塔　V0703 氨水储罐　P0704A、B 氨水泵　C0705 空气鼓风机　T0706 再生塔　T0707 除尘塔

作用相同的多台设备，可只画一套，备用设备可省略不画。

（2）流程线的画法

主要物料流程线用粗实线画出，辅助物料的流程线用中粗线画出。流程线一般画成水平线和垂直线，转弯一律画成直角。

流程线发生交错时，同一物料按"先不断后断"的原则断开其中一根；不同物料的流程交错，主物料线不断，辅物料线断，即"主不断辅断"。

在两设备之间的流程线上，至少应有一个流向箭头。

2. 方案流程图的标注

（1）设备的标注

图 9-1-3 设备的位号和名称

设备应标注名称和位号，并在流程线的上方或下方靠近设备示意图的位置注成一排。如图 9-1-3 所示。

设备位号包括分类代号、车间或工段号、设备序号等，相同设备以尾号（字母）区别。设备的分类代号见表 9-1-1。

（2）流程线的标注

在流程线的起点和终点，用文字说明介质名称、来源和去向。

表 9-1-1 设备的分类代号

设备类别	塔	泵	工业炉	换热器	反应器	起重设备	压缩机	火炬烟囱	容器	其他机械	其他设备	计量设备
代号	T	P	F	E	R	L	C	S	V	M	X	W

二、工艺管道及仪表流程图

工艺管道及仪表流程图又称施工流程图，是在方案流程图的基础上绘制的、内容更为详细的工艺流程图。如图 9-1-4 所示为脱硫系统工艺管道及仪表流程图。

1. 工艺管道及仪表流程图的内容

（1）图形

包括所有设备的示意图、物料的流程线和阀门、管件、仪表控制点的符号等。

图 9-1-4 工艺管道及仪表流程图

（2）标注

标注设备的位号和名称、管段和仪表控制点编号及必要的说明等。

（3）图例

说明图中出现的阀门、管件、控制点符号和代号的意义。

（4）标题栏

注写图名、图号和责任人签字等。

2. 工艺管道及仪表流程图的画法

（1）设备和流程线的画法

设备与流程线的画法同方案流程图中的规定相同，但同类及备用设备应全部画出。

（2）阀门和管件的画法

阀门和管件用细实线按规定的图形符号（参见附表26）在图中相应处画出。

（3）仪表控制点

仪表控制点在图中用一细实线圆（直径约为10mm）画出，并用细实线连到设备或管道测量点上，如图9-1-5所示。仪表不同安装位置的表示如图9-1-6所示。

图 9-1-5 仪表的图形符号

就地安装仪表　　集中仪表盘面安装仪表　　就地仪表盘面安装仪表

就地安装仪表（嵌在管道中）　集中仪表盘后面安装仪表　就地仪表盘后面安装仪表

图 9-1-6 不同安装位置的仪表图形符号

3. 工艺管道及仪表流程图的标注

（1）设备的标注

设备的标注与方案流程图中的规定相同。

（2）流程线的标注

流程线除要标注与方案流程图相同的内容外，还应注写管路代号。管路的代号可用如图9-1-7所示的两种方法注写。水平管道的代号标注在管道的上方，垂直管道则标注在管道的左侧（字头向左）。

（a）　　　　　　　　　　　　　　　　　　（b）

图 9-1-7 管道代号的标注

物料代号以英文名称的第一个大写字母表示，见表9-1-2。

（3）仪表及仪表位号的标注

在工艺管道及仪表流程图中的仪表控制点应注写位号。位号由字母代号组合与阿拉伯数字编号组成，如图9-1-8（a）所示。

仪表位号中的字母代号填写在圆圈的上半圆中，数字编号填写在圆圈的下半圆中，如图9-1-8（b）所示。

表 9-1-2　物料名称及代号（摘自 HG/T 20519.36—1992）

物料代号	物 料 名 称	物料代号	物 料 名 称	物料代号	物 料 名 称
PA	工艺空气	FG	燃料气	CWR	循环冷却水回水
PG	工艺气体	DR	排液、导淋	CWS	循环冷却水上水
PGL	气液两相流工艺物料	H	氢	SW	软水
PGS	气固两相流工艺物料	DW	生活用水	CSW	化学污水
PL	工艺液体	RW	原水、新鲜水	AL	液氨
PLS	液固两相流工艺物料	CA	压缩空气	N	氮
PW	工艺水	IA	仪表空气	O	氧
AR	空气	HS	高压蒸汽	VE	真空排放气
WW	生产废水	SC	蒸汽冷凝水	VT	放空

(a) 仪表位号的组成

(b) 仪表位号的标注

图 9-1-8　仪表位号及其标注

被测变量及仪表功能的字母组合见表 9-1-3。

表 9-1-3　被测变量及仪表功能的字母组合

仪表功能 ＼ 被测变量	温度	温差	压力或真空	压差	流量	流量比率	分析	密度	黏度
指示	TI	TdI	PI	PdI	FI	FfI	AI	DI	DI
指示、控制	TIC	TdIC	PIC	PdIC	FIC	FfIC	AIC	DIC	DIC
指示、报警	TIA	TdIA	PIA	PdIA	FIA	FfIA	AIA	DIA	DIA
指示、开关	TIS	TdIS	PIS	PdIS	FIS	FfIS	AIS	DIS	DIS
记录	TR	TdR	PR	PdR	FR	FfR	AR	DR	VR
记录、控制	TRC	TdRC	PRC	PdRC	FRC	FfRC	ARC	DRC	VRC
记录、报警	TRA	TdRA	PRA	PdRA	FRA	FfRA	ARA	DRA	VRA
记录、开关	TRS	TdRS	PRS	PdRS	FRS	FfRS	ARS	DRS	VRS
控制	TC	TdC	PC	PdC	FC	FfC	AC	DC	VC
控制、变速	TCT	TdCT	PCT	PdCT	FCT	—	ACT	DCT	VCT

4. 工艺管道及仪表流程图的阅读

通过读图，要了解和掌握物料的流程，搞清所用设备的种类、数量、名称和位号，管路的编号和规格，阀门及仪表控制点的功能、类型和控制部位，掌握开、停工顺序等。

下面以脱硫系统工艺管道及仪表流程图为例，介绍读图的方法和步骤。

（1）掌握设备的名称、位号和数量

脱硫系统的工艺设备共有9台，它们分别是：罗茨鼓风机两台（C0701A、B），脱硫塔一台（T0702），氨水储罐一台（V0703），氨水泵两台（P0704A、B），空气鼓风机一台（C0705），再生塔一台（T0706），除尘塔一台（T0707）。

（2）分析主要物料的流程（粗线部分）

从配气站送来的天然气，经罗茨鼓风机从脱硫塔底部送入，在塔内与氨水逆流接触后，其中的硫化氢被氨水吸收脱除。之后天然气进入除尘塔，经水洗除尘后，由塔顶去造气工段。

（3）分析辅助物料流程（中粗线部分）

来自碳化工段的稀氨水进入氨水储罐，由氨水泵（P0704A）打入脱硫塔（T0702）上部。氨水泵（P0704B）从脱硫塔底部抽出废氨水，打入再生塔（T0706），在塔中与新鲜空气逆流接触吸收其中的硫化氢，产生的酸性气体送去硫黄回收工段；从再生塔底部出来的再生氨水由氨水泵打入脱硫塔后循环使用。

（4）了解动力或其他介质系统流程

整个系统中，介质的流动通过两台并联的罗茨鼓风机（一台备用）完成。从废氨水中除去含硫气体用的新鲜空气来自空气鼓风机，从再生塔的下部送入。由自来水总管提供除尘水源，从除尘塔上部进入塔中。

（5）了解仪表控制点情况

在两台罗茨鼓风机、两台氨水泵的出口和除尘塔下部物料入口处，共有五块就地安装的压力指示仪表。在天然气原料线、再生塔底出口和除尘塔料气入口处，共有三个取样分析点。

（6）了解阀门种类、作用、数量等

脱硫系统各管段共使用了三种阀门，截止阀8个，闸阀7个，止回阀2个。止回阀限制氨水可由氨水泵打出，不可逆向回流，以保证安全生产。

任务一指导

一、作图步骤

① 先用细实线绘制地平线，再按流程顺序用细实线绘制设备基座及设备的简单外形。设备的主要管口要画出。

② 按物料走向用粗实线画出主要物料的流程线。

③ 用中粗线画出辅助物料的流程线。

④ 用细实线按规定的图形符号画出所有阀门。

⑤ 用细实线按规定的图形符号画出所有仪表及控制点。

⑥ 标注设备的位号、名称，流程线和仪表控制点的编号，物料的来源与去向。

⑦ 填写标题栏。

二、注意事项

① 设备的大小不必按比例画出，但必须近似反映其相对大小和高低位置。

② 流程线的长短不反映管路的真实长短，但要近似反映出其高低位置，反映地下的管道应画在地平线之下。

③ 流程线一般不应相交，相交时应尽量断开。

④ 画图时应按流程顺序绘制。

⑤ 注意用粗实线和中粗线区分主要物料的流程线与辅助物料的流程线。

任务二　画设备布置图

图 9-2-1　空压站设备布置图

绘制如图 9-2-1 所示的设备布置图，了解各设备的相对位置。

在化工厂建设施工阶段，工艺设备的安装是依据设备布置图等技术文件进行的。设备布置图必须表明设备在厂房内外的布置情况及安装位置。因此，要完成本任务，必须熟悉厂房建筑的基本知识，掌握建筑图的画法；学会正确表达化工工艺过程中使用的设备在厂房内外的布置情况，达到能绘制和阅读设备布置图的目的。

● 厂房建筑图简介
● 设备布置图的画法与阅读方法

一、厂房建筑图简介

化工生产中所使用的设备，必须在厂房建筑内外合理布置。因此技术人员绘制设备布置图时，应该掌握厂房建筑的基本知识，并具备绘制和识读厂房建筑图的基本能力。

1. 厂房建筑的结构

图 9-2-2 厂房建筑结构

如图 9-2-2 所示，厂房建筑常见的有如下结构。

① 地基。基础之下经加固的土层。

② 基础。介于地基和墙（柱）之间的部分。

③ 墙、墙垛、窗、门、楼梯、栏杆、散水坡。

④ 柱、梁、楼板、安装设备用的孔洞和屋盖。

厂房建筑常见的结构及配件图例见表 9-2-1。

2. 建筑图的视图

建筑图的视图同样用正投影原理绘制。常见的是建筑施工图，包括总平面图、平面图、立面图、剖面图和建筑详图等。

（1）平面图

用一假想的水平剖切面过门洞、窗台等剖切，画出的水平剖视图（俯视图）称为平面图。沿底层切开的称为"底（首）层平面图"，沿二层切开的称"二层平面图"，依次类推，相同楼层共用一个平面图称为"标准层平面图"。

平面图用于表达房屋的平面形状、大小、朝向及厂房结构的平面布置情况。如图 9-2-3 中的一层平面图和二层平面图。

（2）立面图

向平行于房屋某一外墙面的投影面投射所画出的视图称为立面图。立面图可用定位轴线号来命名，如图 9-2-3 中①—③立面图；也可按方向来确定名称，如南立面图，北立面图。

表 9-2-1　建筑常见的结构及配件图例

建筑材料		建筑构件及配件			
名称	图例	名称	图例	名称	图例
自然土壤		楼梯		单扇门	
夯实土壤					
普通砖		孔洞			
混凝土				单层外开平开窗	
钢筋混凝土		坑槽			
金属					

1—3 立面图　　1—1剖面图

二层平面图　　2—2剖面图

一层平面图

图 9-2-3　某厂房建筑图

（3）剖面图

假想用正平面或侧平面沿铅垂方向把房屋剖开后绘制的剖视图称为剖面图，如图 9-2-3 中的 1—1 剖面图和 2—2 剖面图。

（4）建筑详图

建筑详图是一种局部放大图，用以表达建筑物的细部结构。

3．建筑图的标注

（1）定位轴线

定位轴线是在房屋的墙、柱等位置用细点画线画出，并加以编号。编号用带圆圈（直径 8mm）的阿拉伯数字（长度方向）或大写字母（宽度方向）表示。如图 9-2-3 所示。

（2）尺寸

建筑图的尺寸要注成封闭的，如图 9-2-4 所示。

平面图上的尺寸分三道标注：最外面标注总长和总宽，中间是定位轴线尺寸，最里一道是表示门窗、孔洞等结构的详细尺寸，其单位为 mm，只注数字不注尺寸单位。

剖面图上标注相对高度尺寸，称为标高尺寸。一般只标注地面、楼板面及屋顶面的标高尺寸。标高尺寸以 m 为单位（小数点后保留三位），只注数字不注尺寸单位。

（3）视图名称

视图的名称，注写在各视图的正下方，如二层平面图、1—1 剖面图、和①—③立面图等，见图 9-2-3。

图 9-2-4　平面尺寸标注示例

二、设备布置图

设备布置图是在厂房建筑图的基础上，增加了设备布置内容的图样，采用正投影法绘制。在工程施工时设备布置图可指导设备安装，它也是绘制管道布置图的依据。如图 9-2-5 所示为天然气脱硫系统设备布置图。

1．设备布置图的内容

（1）一组视图

包括平面图和剖面图。

平面图用来表达厂房某层设备在水平方向的布置安装情况，是进行水平剖切后画出的俯视图。多层厂房应按楼层绘制平面图。

剖面图是在厂房建筑的适当位置上，垂直剖切后绘制的图样，用来表达设备沿高度方向的布置安装情况。

（2）尺寸及标注

主要标注与设备有关的建筑物尺寸，建筑物与设备、设备与设备之间的定位尺寸（不标注设备的定形尺寸），厂房建筑定位轴线的编号、设备的名称和位号，以及注写必

图 9-2-5　天然气脱硫系统设备布置图

要的说明等。

（3）安装方位标

安装方位标是确定设备安装方位的基准，一般画在图样右上方，如图 9-2-5 所示。

（4）标题栏

填写图名、图号、比例及签字等。

2. 设备布置图的画法与标注

绘制设备布置图时，应以工艺施工流程图、厂房建筑图等原始资料为依据，一般可按下述步骤绘制。

（1）绘制设备布置平面图

① 用细点画线画出建筑物的定位轴线，再用细实线画出墙、柱、门、窗、楼梯等厂房建筑的平面图。

② 用细点画线画出设备的中心线，用粗实线画出设备的基本轮廓。规格相同的多台设备可只画出一台，其余则用粗实线简化画出其基础的轮廓投影，如图 9-2-5 所示罗茨鼓风机的画法，可简化一台。

③ 标注厂房定位轴线、定位轴线间的尺寸、设备基础的定形和定位尺寸、设备的位号和名称（同工艺流程图）。

（2）绘制剖面图

剖面图以表达清楚设备与厂房高度方向的位置关系为前提，其数量应尽可能少。

① 用细实线画出厂房剖面图。

② 用粗实线画出设备的立面图，被遮挡的设备轮廓一般不画出。

③ 标注厂房定位轴线；厂房室内外地面标高、各层标高、设备基础标高；必要时标注各主要管口中心线、设备最高点标高等；最后注写设备位号和名称。

（3）绘制方位标

方位标用于确定设备及管口的安装方向。方位标用细实线画圆圈，直径为 20mm，用细实线绘制水平、垂直两轴线，并分别注写 0°、90°、180°、270°等字样，一般以建筑北向（N）为零度方位基准，画出箭头，如图 9-2-5 中右上角所示。

（4）其他内容

填写标题栏，检查、校核，完成图样。

3. 设备布置图的阅读

通过阅读设备布置图，可以了解设备在厂房中的具体布置情况，为管道的合理布置建立基础。现以如图 9-2-5 所示天然气脱硫系统设备布置图为例，介绍读图的方法和步骤。

（1）概括了解

该设备布置图有两个视图，一个为"EL100.000 平面图"，另一个为"A—A 剖面图"。共有八台设备，厂房外布置了四台静设备，分别是脱硫塔（T0702）、除尘塔（T0707）、氨水储罐（V0703）和再生塔（T0706）。厂房内共安装了四台动设备，其中有两台罗茨鼓风机（C0701A/B），两台氨水泵（P0704A/B）。

（2）了解厂房

厂房的横向定位轴线①、②间距为 9.1m，纵向定位轴线Ⓐ、Ⓑ间距为 4.7m，地面标高为 EL100.000m，房顶标高为 EL104.200m。

（3）分析设备布置情况

两台罗茨鼓风机的主轴线标高为 EL100.800m，横向定位为 2.0m，间距为 2.3m，基础尺寸为 1.5m×0.85m，支承点标高是 POSEL100.200m。

脱硫塔横向定位是 2.0m，纵向定位是 1.2m，支承点标高是 POSEL100.260m，塔顶高 EL104.000m，料气入口管口标高是 EL100.900m，稀脱硫液入口管口标高是 EL103.400m。

氨水储罐（V0703）的支承点标高是 POSEL100.200m，横向定位是 2.0m，纵向定位是 1.1m。

右上角的安装方位标指明了有关厂房和设备的安装方位基准。

任务二指导

一、绘图步骤

① 先用细实线绘制厂房的平面图和剖面图。

② 用粗实线绘制带接管口的设备。应按流程顺序逐一画出每台设备的平面布置图和立面布置图，管口应按实际方位绘制。

③ 标注。从如下几方面着手进行标注：

定位轴线编号；平面图中标定位轴线间距；设备的水平定位尺寸（平面图中）和高度定位尺寸（剖面图中）；其他必要尺寸；设备的位号和名称；视图名称。

④ 画方向标。

⑤ 填写标题栏。

二、注意事项

① 设备要用粗实线绘制，并按实际方向画出接管口。

② 设备的定位尺寸应标注在设备的中心线、轴线或支座安装平面上。

③ 设备的位号和名称应与工艺流程图中的一致。

任务三　管　路　表　达

任务描述

① 绘制如图 9-3-1 所示管路的平面图和立面图。

② 读懂如图 9-3-2 所示管路的平面图和剖面图，想象管路的空间走向。

图 9-3-1　一段管路的立体图

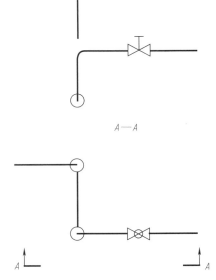

图 9-3-2　一段管道的平面图和剖面图

任务分析

管道的图示方法也是按正投影的原理绘制的，但由于工厂中管道的空间位置及分布走向复杂多样，在用图样表达时，不能完全按照前面介绍的点和直线的投影方法，对管道的一些特殊位置和走向必须作出相关规定，以便将它们用图形清楚地表达出来。在完成本任务时，要着重学会用图样表达管道的特殊位置和走向，以便为后面学习更复杂的管道布置图打下坚实的基础。

相关知识

● 管道的规定画法
● 管架的表示方法和编号
● 阀门及仪表控制元件的表示法

一、管道的规定画法

1. 管道的表示法

在管道布置图中，管道有单线和双线两种表示方法。公称通径（*DN*）大于或等于400（或16in）的管道，用双线表示，小于或等于350mm（或14in）的管道用单线表示。大口径的管道不多时，则公称通径（*DN*）大于或等于250mm（或10in）的管道用双线表示，小于或等于200 mm（或8in）的管道，用单线表示，如图 9-3-3 所示。

(a)直管

(b)向我而来

(c)离我而去

图 9-3-3　管道的表示法

2. 弯折管道的表示法

弯折管道的表示法如图 9-3-4（a）～（e）所示。

(a)向上弯折90°　　　(b)向下弯折90°　　　(c)大于90°的弯折

(d)左右二次弯折　　　(e)左右、前后二次弯折

图 9-3-4　管道弯折的表示法

3. 重叠管道的表示法

管道的投影重合时，可见管道的投影断裂表示，不可见管道的投影画至重影处（稍留间隙），如图 9-3-5 所示；多条管道的投影重合时，最上一条画双重断裂符号，如图 9-3-5(b) 所示，也可用 a、a 和 b、b 等小写字母加以区分，如图 9-3-5（d）所示。当管道转折后投影重合时，则后面的管道画至重影处，并留出间隙，如图 9-3-5(c) 所示。

(a)可见管道画断裂符号

(b)最上一条画断裂符号

(c)前面管道完整画法

(d)用对应字母加以区分

图 9-3-5　管道重叠的表示法

4. 交叉管道的表示法

管道交叉时，一般按如图 9-3-6(a) 所示的方法表示。需要表示相对位置的管道，应将下面（后面）被遮盖部分的投影断开，如图 9-3-6(b) 所示，或可用虚线表示，如图 9-3-6(c) 所示，也可将上面的管道投影断裂表示，如图 9-3-6(d) 所示。三通或分叉管道的表示方法如图 9-3-6(e)、(f) 所示。

(a)一般画法

(b)遮挡画法

(c)虚线画法

(d)断开画法

(e)三通管的单线画法

(f)三通管的双线画法

图 9-3-6　管道交叉的表示法

5. 管道连接的表示法

两段直管相连接的形式常见有四种，其画法见表 9-3-1。

二、管架的表示方法和编号

管架用于安装固定管道，在平面图上用符号表示，如图 9-3-7(a) 所示。

表 9-3-1　管道的连接方式与画法

连接方式	轴 测 图	装 配 图	规 定 画 法
法兰连接			单线 双线
承插连接			单线 双线
螺纹连接			单线 双线
焊接			单线 双线

　　管架的编号由五部分内容组成，如图 9-3-7（b）所示。管架类别和管架生根部位的结构，用大写英文字母表示，见表 9-3-2 所示。

无管托　　　　GS-1011

有管托　　　　AF-1212

管架类别　　G S - 1 0 11　管架序号
管架生根部位的结构　　管道布置图尾号　区号

(a)　　　　　　　　　　　　　(b)

图 9-3-7　管架的表示法及编号方法

表 9-3-2　管架类别和管架生根部位的结构

管 架 类 别					
代 号	类 别	代 号	类 别	代 号	类 别
A	固定架	H	吊架	E	特殊架
G	导向架	S	弹性吊架	T	轴向限位架
R	滑动架	P	弹簧支架	—	—

续表

代　号	结　　构	代　号	结　　构	代　号	结　　构
管架生根部位的结构					
C	混凝土结构	S	钢结构	W	墙
F	地面基础	V	设备	—	—

三、阀门及仪表控制元件的表示法

阀门有规定的图形符号，见附录。一般在阀门图形符号上画出控制元件符号及其方位，如图 9-3-8(a) 所示。阀门在管道中的画法如图 9-3-8(b) 所示。阀门与管道不同连接方式的画法如图 9-3-8(c) 所示。

图 9-3-8　阀门在管道中的画法

【例题 1】 已知某段管路的平面图如图 9-3-9(a) 所示，分析其空间走向。

分析　由平面图和管路表达方法可知，从左边起，该段管路的空间走向为：自下向上→向右→向后→向左→向上。其正立面图和左立面图如图 9-3-9(b) 所示。

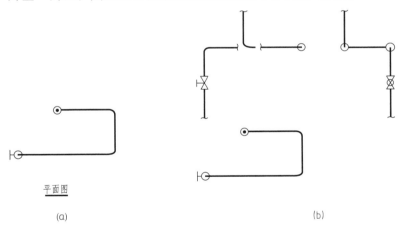

图 9-3-9　根据平面图分析管路的空间走向

【例题 2】　如图 9-3-10(a) 所示为某段管路的平面图和立面图，试画出左立面图。

分析　由平面图、立面图和管路表达方法可分析得出，从左边起，该段管路的空间走向为：自上向下→向前→向下→向前→向下→向右→向上→向右→向下→向右。在左立面图中，有三段管道重叠，应采用断开的表达方法，如图 9-3-10(b) 所示。

任务三指导

一、绘图和看图指导

画图时，要从主要管道画起，应逐段画出，最后画出分支管道。图 9-3-1 所示管道的平

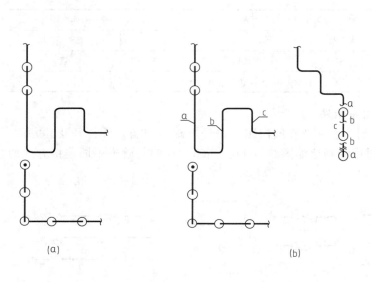

(a)   (b)

图 9-3-10　补画左立面图

图 9-3-11　一段管路的表达

图 9-3-12　一段管路的轴测图

面图和立面图如图 9-3-11 所示。

　　读图时，可从管道的一个起点看起，逐段弄懂各段管道的空间走向，从而看懂整个管路的空间布置情况。图 9-3-2 表示的管道，其轴测图如图 9-3-12 所示。该段管道的走向是：左起向右→向下→向前→向上→向右。

二、注意事项

　　① 画图时，可先用数字或字母标记每一段管道，然后按顺序逐段绘制管道的平面图和立面图。

　　② 左立面图与右立面图基本成对称关系，画出左立面图后，可按对称关系画出右立面图，但朝向观察者而来的管道应变为离观察者而去，反之离观察者而去的管道应变为朝向观察者而来。

　　③ 阀门控制元件的方位应按实际位置画出。

　　④ 注意相交、交叉管道在画法上的差异，相交的管道不得断开，而交叉管道应断开其中一根。

任务四　画管路布置图

任务描述

　　绘制如图 9-4-1 所示的管路布置图，按图弄清各段管道的空间位置和走向。

任务分析

　　在化工厂建设施工阶段，复杂的管道安装是依据管道布置图等技术文件进行的。管道

图 9-4-1 管道布置图

布置图必须表明管道在厂房内外的布置情况。因此，要完成本任务，除了必须熟练掌握任务三中一段管路的表达方法外，还必须学会如何清楚地表达整个工艺过程中全部管道的方法。

● 管道布置图的内容
● 管道布置图的画法与标注
● 管道布置图的阅读
● 管道轴测图

一、管道布置图的内容（图 9-4-1）

① 视图。用于表达管道在厂房内外的布置，以及与设备的连接情况。

② 尺寸标注。建筑物应标注定位轴线和轴线间的尺寸，地面、楼板、平台面、梁顶的应有标高尺寸；设备应标注位号和名称（与流程图一致），以及支承点的标高；管道上方标注与流程图一致的管道代号，下方标注管道标高。

③ 方位标。表示管道安置的方位基准（与设备布置图中一致）。

④ 标题栏。注写图名、图号、比例、责任人签字等。

二、管道布置图的画法

1. 确定表达方案

管道布置图的绘制应以管道及仪表流程图和设备布置图为依据。一般仅画出平面布置图。当平面布置图中管道的局部表达不清楚时，可在平面布置图边界线以外的空白处，绘制剖面图或轴测图。

对多层建筑物、构筑物应按层依次绘制管道平面布置图，并注写视图名称"EL100.000平面"、"EL×××.×××平面"等。

2. 确定比例、选择图幅、合理布图

表达方案确定以后，根据尺寸大小及管道的复杂程度，选择恰当的比例和图幅，便可进行视图的布局。

3. 绘制视图

画管道布置图的步骤如下。

① 用细实线画出厂房平面图和剖面图。

② 用细实线按比例画出带管口的设备示意图（包括设备的机座）。

③ 用粗实线按规定画出管道。

④ 用细实线按规定符号画出管道上的阀门（带控制元件）、仪表控制点、管件、管道附件等。

三、管道布置图的标注

在管道布置图中，一般从如下几个方面进行标注。

1. 标注厂房建筑的定位轴线和轴线间的尺寸

地面、楼板、平台面、梁、屋顶应标注标高尺寸。

2. 标注设备的位号和定位尺寸

设备的位号与工艺流程图中的一致，注写在设备中心线的上方，而设备支承点的标高注写在下方。

设备支承点的标高注写形式是"POS EL×××.×××"；设备主轴中心线的标高注写形式是"EL×××.×××"的形式。

3. 管道

管道上方标注与流程图一致的管道代号，在下方标注管道标高。

以管道中心线为基准的标高注写为"EL×××.×××"，以管底为基准的标高注写为

"BOP EL×××.×××"。

四、管道布置图的阅读

阅读管道布置图的目的，是读懂管道在厂房内外的布置情况。由于管道布置设计是在工艺管道及仪表流程图和设备布置图的基础上进行的，因此在读图前，应该首先读懂相应的工艺管道及仪表流程图和设备布置图。现以图9-4-1所示某工段的局部管道布置图为例，说明阅读管道布置图的大致步骤。

1. 概括了解

图中包括EL100.00平面图和 $A—A$ 剖面图，剖面图与平面图按投影关系配置。

2. 详细分析

① 了解厂房及设备布置情况。图中厂房横向定位轴线①、②、③，其间距为4.5m，纵向定位轴线为Ⓑ，离心泵基础标高EL100.250m，冷却器中心线标高EL101.200m。

② 分析管道走向。图中离心泵有进出两部分管道，一段是从地沟中出来的原料管道，编号为PL0802—65，分别进入两台离心泵；另一段从泵出口出来后汇集在一起，经过编号为PL0803—65的管道，从冷凝器左端下部进入管程，由左上部出来后，向上在标高为EL103.200m处向后拐，再向右至冷凝器右上方，最后向前离去。编号为CWS0805—75的循环上水管道从地沟向上出来，再向后、向上进入冷凝器底部入口。编号为CWR0806—75的循环回水管道，从冷凝器上部出来向前，再向下进入地沟。

③ 了解管道上的阀门、管件、管架安装情况。两台离心泵的入口和出口，分别安装有四个阀门，在泵出口阀门后的管道上，还有同心异径管接头。在冷凝器上水入口处，装有一个阀门。在冷凝器物料出口编号为PL0804—65的管道两端，有编号为GS—02，GS—03的通用型托架。

④ 了解仪表、取样口、分析点的安装情况。

在离心泵出口处，装有流量指示仪表。在冷凝器物料出口及循环回水出口处，分别装有温度指示仪表。

3. 归纳总结

对上述分析进行综合归纳，建立一个完整的空间概念。

五、管道轴测图（又称管段图、空视图）

1. 管道轴测图的内容

管道轴测图是按轴测投影原理绘制的，能全面、清晰地反映管道布置的设计和施工细节，如图9-4-2所示。

管道轴测图包括以下内容。

① 图形。管道按正等轴测图绘制，管件、阀门等的图形符号按规定画出。

② 尺寸及标注。标注管道编号、所接设备的位号、管口序号和安装尺寸等。

③ 方位标。安装方位的基准。

④ 技术要求。有关焊接、试压等方面的要求。

⑤ 材料表。列表说明管道所需的材料名称、尺寸、规格、数量等。

⑥ 标题栏。填写图名、图号、责任人签字等。

2. 管道轴测图的表示方法

① 一个管段号通常画一张管道轴测图。复杂的管段可利用法兰或焊接点断开，分别绘制几张管道轴测图，但需用一个图号注明页数。物料、材质相同的几个简单管段可画在一张图样上，并分别注出管段号。

图 9-4-2 管道轴测图

② 绘制管道轴测图可以不按比例，但各种阀门、管件的大小及在管道中的位置、比例要协调。

③ 所有管道用粗实线画出，管件（弯头、三通除外）、阀门、控制点用细实线绘制图形符号。管道与管件的连接画法，见附表 27。

④ 阀门的手轮用一短线表示，短线与管道平行，阀杆中心线按所设计的方向画出。如图 9-4-3 所示。

⑤ 在平面内的偏置管，按如图 9-4-4（a）所示绘制；对于立体偏置管，则将偏置管绘在由三个坐标组成的六面体内，如图 9-4-4（b）所示。

图 9-4-3 阀杆方向的表示

(a) 平面内的偏置管   (b) 立体偏置管

图 9-4-4 偏置管表示法

⑥ 必要时，画出阀门上控制元件图示符号。传动结构、型式应适合于各种类型的阀门，如图 9-4-5 所示。

图 9-4-5 阀门常见传动机构表示法

3. 管道轴测图的尺寸与标注

① 每级管道应标注表示流向的箭头，并在流向箭头附近注出管段编号。

② 垂直管道不注高度尺寸，而以水平管道的标高"EL×××.××××"表示，水平管道的标高写在管道的下方。

③ 标高尺寸的单位为 m，其余尺寸均以 mm 为单位时，可不注写单位。

④ 应注出管道所连接的设备位号及管口序号。

【例题】 已知一段管道的平、立面图，绘制管道轴测图并标注尺寸，如图 9-4-6 所示。

(a) (b)

图 9-4-6　绘制管段图并标注尺寸

4. 管道轴测图的方位标

管道轴测图的方位标按正等测绘制，画在图样的右上方，如图 9-4-7 所示。

图 9-4-7　管道轴测图方位标

任务四指导

一、绘图步骤

（1）分析并确定表达方案

（2）确定比例、选择图幅、合理布局

（3）绘制视图

① 用细实线画出厂房平面图和剖面图。

② 用细实线画出设备的平面布置图和立面布置图。

③ 按流程顺序及管道线型的规定，画出管道平面布置图和剖面图。

④ 画出管道上的阀门、管件、管道附件等。

⑤ 用直径为 10mm 的细实线圆圈，画出管道上的检测元件（压力、温度、取样等），圆圈内按管道及仪表流程图中的符号和编号填写。

（4）标注建筑物、设备、管道等

（5）画方位标

（6）填写标题栏

二、注意事项

① 为了突出管道，管路应用粗实线绘制，特殊管道用双线（双细实线）表示。

② 图中应着重表达出管道的空间走向和位置，并由此确定视图的数量。

③ 阀门的控制元件符号应按实际安装方位画出。

④ 重叠的管道较多时，应断开画出，但断开的管道数一般不超过两根，以便于看图。

附　录

一、螺纹

附表 1　普通螺纹直径与螺距（摘自 GB/T 193—2003）

标记示例

M24（公称直径为 24mm,螺距为 3mm 的粗牙右旋普通螺纹）

M24×1.5LH（公称直径为 24mm,螺距为 1.5mm 的细牙左旋普通螺纹）

（单位:mm）

公称直径 D,d		螺距 P		粗牙小径 D_1,d_1	公称直径 D,d		螺距 P		粗牙小径 D_1,d_1
第一系列	第二系列	粗牙	细牙		第一系列	第二系列	粗牙	细牙	
3		0.5	0.35	2.459		22	2.5	2,1.5,1,(0.75),(0.5)	19.294
	3.5	(0.6)		2.850	24		3	2,1.5,1,(0.75)	20.752
4		0.7	0.5	3.242	27		3	2,1.5,1,(0.75)	23.752
	4.5	(0.75)		3.688	30		3.5	(3),2,1.5,1,(0.75)	26.211
5		0.8		4.134	33		3.5	(3),2,1.5,(1),(0.75)	29.211
6		1	0.75,(0.5)	4.917	36		4	3,2,1.5,(1)	31.670
8		1.25	1,0.75,(0.5)	6.647	39		4		34.670
10		1.5	1.25,1,0.75,(0.5)	8.376	42		4.5		37.129
12		1.75	1.5,1.25,1,(0.75),(0.5)	10.106		45	4.5	(4),3,2,1.5,(1)	40.129
	14	2	1.5,1.25,1,(0.75),(0.5)	11.835	48		5		42.578
16		2	1.5,1,(0.75),(0.5)	13.835		52	5		46.578
	18	2.5	2,1.5,1,(0.75),(0.5)	15.294	56		5.5	4,3,2,1.5,(1)	50.046
20		2.5		17.294					

注: 1. 优先选用第一系列,括号内尺寸尽量不用。第三系列未列入。

2. M14×1.25 仅用于火花塞; M35×1.5 仅用于滚动轴承锁紧螺母。

附表 2　管螺纹

用螺纹密封的管螺纹
（摘自 GB/T 7306.1—2000）

非螺纹密封的管螺纹
（摘自 GB/T 7307.1—2001）

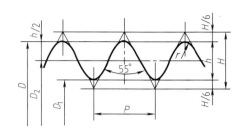

标记示例：
R1/2（尺寸代号 1/2，右旋圆锥外螺纹）
R$_c$1/2-LH（尺寸代号 1/2，左旋圆锥内螺纹）
R$_P$1/2（尺寸代号 1/2，右旋圆柱内螺纹）

标记示例：
G1/2-LH（尺寸代号 1/2，左旋内螺纹）
G1/2A（尺寸代号 1/2，A 级右旋外螺纹）
G1/2-LH（尺寸代号 1/2，B 级左旋外螺纹）

尺寸代号	基面上的直径（GB/T 7306）基本直径（GB/T 7307）			螺距 P /mm	牙高 h /mm	圆弧半径 r /mm	每 25.4mm 内的有效牙数 n	有效螺纹长度 /mm（GB/T 7306）	基准的基本长度 /mm（GB/T 7306）
	大径 $d=D$ /mm	中径 $d_2=D_2$ /mm	小径 $d_1=D_1$ /mm						
1/16	7.723	7.142	6.561	0.907	0.581	0.125	28	6.5	4.0
1/8	9.728	9.147	8.566					6.5	4.0
1/4	13.157	12.301	11.445	1.337	0.856	0.184	19	9.7	6.0
3/8	16.662	15.806	14.950					10.1	6.4
1/2	20.955	19.793	18.631	1.814	1.162	0.249	14	13.2	8.2
3/4	26.441	25.279	24.117					14.5	9.5
1	33.249	31.770	30.291	2.309	1.479	0.317	11	16.8	10.4
1¼	41.910	40.431	38.952					19.1	12.7
1½	47.803	46.324	44.845					19.1	12.7
2	59.614	58.135	56.656					23.4	15.9
2½	75.184	73.705	72.226					26.7	17.5
3	87.884	86.405	84.926					29.8	20.6
4	113.030	111.551	110.072					35.8	25.4
5	138.430	136.951	135.472					40.1	28.6
6	163.830	162.351	160.872					40.1	28.6

二、常用标准件

附表 3　六角头螺栓　　　　　　　　　　　　　mm

六角头螺栓 C 级(摘自 GB/T 5780—2000)　　　　　　六角头螺栓 A 和 B 级(摘自 GB/T 5782—2000)

标记示例：

螺栓 GB/T 5782—2000 M20×100(螺纹规格 d＝M20，l＝100mm，A 级的六角头螺栓)

螺纹规格 d		M5	M6	M8	M10	M12	M16	M20	M24	M30	M36
b 参考	l≤125	16	18	22	26	30	38	46	54	66	78
	125＜l≤200	—	—	28	32	36	44	52	60	72	84
	l＞200	—	—	—	—	—	57	65	73	85	97
c		0.5	0.5	0.6	0.6	0.6	0.8	0.8	0.8	0.8	0.8
d_w	A	6.9	8.9	11.6	14.6	16.6	22.5	28.2	33.6	—	—
	B	6.7	8.7	11.4	14.4	16.4	22	27.7	33.2	42.7	51.1
k		3.5	4	5.3	6.4	7.5	10	12.5	15	18.7	22.5
r		0.2	0.25	0.4	0.4	0.6	0.6	0.8	0.8	1	1
e	A	8.79	11.05	14.38	17.77	20.03	26.75	33.53	39.98	—	—
	B	8.63	10.89	14.20	17.59	19.85	26.17	32.95	39.55	50.85	60.79
s		8	10	13	16	18	24	30	36	46	55
l		25～50	30～60	35～80	40～100	45～120	50～160	65～200	80～240	90～300	110～360
l(系列)		25,30,35,40,45,50,(55),60,(65),70,80,90,100,110,120,130,140,150,160,180,200,220, 240,260,280,300,320,340,360									

注：1. 括号内的规格尽可能不采用。末端按 GB/T 2 的规定。

　　2. A 级用于 d≤24 和 l≤10d 或≤150mm(按较小值)的螺栓；B 级用于 d＞24 和 l＞10d 或＞150mm(按较小值)的螺栓。

附表 4　双头螺柱　　　　　　　　　　　　　mm

b_m＝d(GB/T 897)　　　　b_m＝1.25d(GB/T 898)　　　　b_m＝1.5d(GB/T 899)　　　　b_m＝2d(GB/T 900)

标记示例：

　　螺柱　GB/T 900　M10×50(两端均为粗牙普通螺纹、d＝M10、l＝50mm、性能等级为 4.8 级、不经表面处理、B 型、b_m＝2d 的双头螺柱)

　　螺柱　GB/T 900　AM10-10×1×50(旋入机体一端为粗牙普通螺纹、旋螺母端为螺距 P＝1 的细牙普通螺纹、d＝M10、l＝50mm、性能等级为 4.8 级、不经表面处理、A 型、b_m＝2d 的双头螺柱)

续表

螺纹规格 d	b_m（旋入机体端长度）								
	GB/T 897	GB/T 898	GB/T 899	GB/T 900					
M4	—	—	6	8	$\frac{16\sim22}{8}$	$\frac{25\sim40}{14}$			
M5	5	6	8	10	$\frac{16\sim22}{10}$	$\frac{25\sim50}{16}$			
M6	6	8	10	12	$\frac{20\sim22}{10}$	$\frac{25\sim30}{14}$	$\frac{32\sim75}{18}$		
M8	8	10	12	16	$\frac{20\sim22}{12}$	$\frac{25\sim30}{16}$	$\frac{32\sim90}{22}$		
M10	10	12	15	20	$\frac{25\sim28}{14}$	$\frac{30\sim38}{16}$	$\frac{40\sim120}{26}$	$\frac{130}{32}$	
M12	12	15	18	24	$\frac{25\sim30}{14}$	$\frac{32\sim40}{16}$	$\frac{45\sim120}{26}$	$\frac{130\sim180}{32}$	
M16	16	20	24	32	$\frac{30\sim38}{16}$	$\frac{40\sim55}{20}$	$\frac{60\sim120}{30}$	$\frac{130\sim200}{36}$	
M20	20	25	30	40	$\frac{35\sim40}{20}$	$\frac{45\sim65}{30}$	$\frac{70\sim120}{38}$	$\frac{130\sim200}{44}$	
(M24)	24	30	36	48	$\frac{45\sim50}{25}$	$\frac{55\sim75}{35}$	$\frac{80\sim120}{46}$	$\frac{130\sim200}{52}$	
(M30)	30	38	45	60	$\frac{60\sim65}{40}$	$\frac{70\sim90}{50}$	$\frac{95\sim120}{66}$	$\frac{130\sim200}{72}$	$\frac{210\sim250}{85}$
M36	36	45	54	72	$\frac{65\sim75}{45}$	$\frac{80\sim110}{60}$	$\frac{120\sim130}{78}$	$\frac{130\sim200}{84}$	$\frac{210\sim300}{97}$
M42	42	52	63	84	$\frac{70\sim80}{50}$	$\frac{85\sim110}{70}$	$\frac{120\sim130}{90}$	$\frac{130\sim200}{96}$	$\frac{210\sim300}{109}$
M48	48	60	72	96	$\frac{80\sim90}{60}$	$\frac{95\sim110}{80}$	$\frac{120\sim130}{102}$	$\frac{130\sim200}{108}$	$\frac{210\sim300}{121}$
l 系列	12,(14),16,(18),20,(22),25,(28),30,(32),35,(38),40,45,50,55,60,(65),70,75,80,(85),90,(95),100～260(10 进位),280,300								

注：1. 尽可能不用括号内的规格。末端按 GB/T 2 的规定。

2. $b_m=d$ 一般用于钢，$b_m=(1.25\sim1.5d)$ 一般用于钢对铸铁，$b_m=2d$ 一般用于钢对铝合金的连接。

附表 5　六角螺母 C 级（摘自 GB/T 41—2000）　　　　　　　mm

标记示例：

螺母　GB/T 41　M12

（螺纹规格 $D=$M12、性能等级为 5 级、不经表面处理、产品等级为 C 级的六角螺母）

螺纹规格 D	M4	M5	M6	M8	M10	M12	M16	M20	M24	M30	M36	M42	M48
s_{max}	7	8	10	13	16	18	24	30	36	46	55	65	75
e_{min}	—	8.63	10.9	14.2	17.6	19.9	26.2	33.0	39.6	50.9	60.8	72.0	82.6
m_{max}	—	5.6	6.1	7.9	9.5	12.2	15.9	18.7	22.3	26.4	31.5	34.9	38.9
d_w	—	6.9	8.7	11.5	14.5	16.5	22.0	27.7	33.2	42.7	51.1	60.6	69.4

附表 6 　垫圈 　　　　　　　　　　　　　　　　　　　　　mm

平垫圈　A 级（摘自 GB/T 97.1—2002）　　　　　　　　　平垫圈　C 级（摘自 GB/T 95—2002）
平垫圈 倒角型 A 级（摘自 GB/T 97.2—2002）　　　　　　标准型弹簧垫圈（摘自 GB/T 93—1987）

标记示例：
垫圈　GB/T 97.1　8（标准系列、规格 8mm、性能等级为 140HV、不经表面处理、产品等级为 A 级的平垫圈）
垫圈　GB/T 93　16（规格 16mm、材料为 65Mn、表面氧化的标准型弹簧垫圈）

公称尺寸 d（螺纹规格）		4	5	6	8	10	12	14	16	20	24	30	36	42	48
GB/T 97.1（A 级）	d_1	4.3	5.3	6.4	8.4	10.5	13.0	15	17	21	25	31	37	—	—
	d_2	9	10	12	16	20	24	28	30	37	44	56	66	—	—
	h	0.8	1	1.6	1.6	2	2.5	2.5	3	3	4	4	5	—	—
GB/T 97.2（A 级）	d_1	—	5.3	6.4	8.4	10.5	13	15	17	21	25	31	37	—	—
	d_2	—	10	12	16	20	24	28	30	37	44	56	66	—	—
	h	—	1	1.6	1.6	2	2.5	2.5	3	3	4	4	5	—	—
GB/T 95（C 级）	d_1	—	5.5	6.6	9	11	13.5	15.5	17.5	22	26	33	39	45	52
	d_2	—	10	12	16	20	24	28	30	37	44	56	66	78	92
	h	—	1	1.6	1.6	2	2.5	2.5	3	3	4	4	5	8	8
GB/T 93	d_1	4.1	5.1	6.1	8.1	10.2	12.2	—	16.2	20.2	24.5	30.5	36.5	42.5	48.5
	$S=b$	1.1	1.3	1.6	2.1	2.6	3.1	—	4.1	5	6	7.5	9	10.5	12
	H	2.8	3.3	4	5.3	6.5	7.8	—	10.3	12.5	15	18.6	22.5	26.3	30

注：1. A 级适用于精装配系列，C 级适用于中等装配系列。
　　2. C 级垫圈没有 R_a3.2 和去毛刺的要求。

附表 7 　平键及键槽的断面尺寸 （摘自 GB/T 1095～1096—2003）　　　　mm

标记示例：
键 16×100 GB/T 1096（圆头普通平键，b＝16mm、h＝10mm、L＝100mm）
键 B16×100 GB/T 1096（平头普通平键，b＝16mm、h＝10mm、L＝100mm）

轴径 d	键的公称尺寸			键槽											
				宽度 b						深度				半径 r	
					偏差					轴		毂			
	b	h	L	b	较松键连接		一般键连接		较紧键连接	t	偏差	t_1	偏差	最小	最大
					轴 H9	毂 D10	轴 N9	毂 JS9	轴和毂 P9						
6～8	2	2	6～20	2	+0.025 / 0	+0.060 / +0.020	-0.004 / -0.029	±0.0125	-0.006 / -0.031	2	+0.1 / 0	1	+0.1 / 0	0.08	0.16
8～10	3	3	6～36	3	+0.025 / 0	+0.060 / +0.020	-0.004 / -0.029	±0.0125	-0.006 / -0.031	1.8	+0.1 / 0	1.4	+0.1 / 0	0.08	0.16
10～12	4	4	8～45	4	+0.030 / 0	+0.078 / +0.030	0 / -0.030	±0.015	-0.012 / -0.042	2.5	+0.1 / 0	1.8	+0.1 / 0	0.16	0.25
12～17	5	5	10～56	5	+0.030 / 0	+0.078 / +0.030	0 / -0.030	±0.015	-0.012 / -0.042	3	+0.1 / 0	2.3	+0.1 / 0	0.16	0.25
17～22	6	6	14～70	6	+0.030 / 0	+0.078 / +0.030	0 / -0.030	±0.015	-0.012 / -0.042	3.5	+0.1 / 0	2.8	+0.1 / 0	0.16	0.25
22～30	8	7	18～90	8	+0.036 / 0	+0.098 / +0.040	0 / -0.036	±0.018	-0.015 / -0.051	4.0	+0.2 / 0	3.3	+0.2 / 0	0.25	0.40
30～38	10	8	22～110	10	+0.036 / 0	+0.098 / +0.040	0 / -0.036	±0.018	-0.015 / -0.051	5.0	+0.2 / 0	3.3	+0.2 / 0	0.25	0.40
38～44	12	8	28～140	12	+0.043 / 0	+0.120 / +0.050	0 / -0.043	±0.0215	-0.018 / -0.061	5.0	+0.2 / 0	3.3	+0.2 / 0	0.25	0.40
44～50	14	9	36～160	14	+0.043 / 0	+0.120 / +0.050	0 / -0.043	±0.0215	-0.018 / -0.061	5.5	+0.2 / 0	3.8	+0.2 / 0	0.25	0.40
50～58	16	10	45～180	16	+0.043 / 0	+0.120 / +0.050	0 / -0.043	±0.0215	-0.018 / -0.061	6.0	+0.2 / 0	4.3	+0.2 / 0	0.25	0.40
58～65	18	11	50～200	18	+0.043 / 0	+0.120 / +0.050	0 / -0.043	±0.0215	-0.018 / -0.061	7.0	+0.2 / 0	4.4	+0.2 / 0	0.25	0.40
L 系列	6,8,10,12,14,16,18,20,22,25,28,32,36,40,45,50,56,63,70,80,90,100,110,125,140,160,180,200														

注：$(d-t)$ 和 $(d+t_1)$ 的偏差按相应的 t 和 t_1 的偏差选取，但 $(d-t)$ 的偏差值应取负号。

附表 8　圆柱销 不淬硬钢和奥氏体不锈钢（GB/T 119.1—2000）　　　　mm

标记示例：

销 GB/T 119.1 10×100（公称直径 $d=10$mm、长度 $l=100$mm、材料为钢，不经淬火、不经表面处理的圆柱销）

销 GB/T 119.1 10×100-A1（公称直径 $d=10$mm、长度 $l=100$mm、材料为 A1 组奥氏体不锈钢、表面简单处理的圆柱销）

$d_{公称}$	2	3	4	5	6	8	10	12	16	20	25
$a\approx$	0.25	0.4	0.5	0.63	0.8	1.0	1.2	1.6	2.0	2.5	3.0
$c\approx$	0.35	0.5	0.63	0.8	1.2	1.6	2.0	2.5	3.0	3.5	4.0
$l_{范围}$	6～20	8～30	8～40	10～50	12～60	14～80	18～95	22～140	26～180	35～200	50～200
$l_{系列}$	2,3,4,5,6～32(2 进位),35～100(5 进位),120～200(20 进位)										

附表 9 圆锥销（GB/T 117—2000）　　　　　　　　　mm

A型(磨削)　　　　　　　　B型(切削或冷镦)

$$r_1 \approx d \qquad r_2 \approx \frac{a}{2} + d + \frac{(0.02l)^2}{8a}$$

标记示例：

销 GB/T 117 10×60（公称直径 $d=10$mm、公称长度 $l=60$mm、材料为 35 钢、热处理硬度 28～38HRC、表面氧化处理的 A 型圆锥销）

$d_{公称}$	2	2.5	3	4	5	6	8	10	12	16	20
$a \approx$	0.25	0.3	0.4	0.5	0.63	0.8	1.0	1.2	1.6	2.0	2.5
$l_{范围}$	10～35	10～35	12～45	14～55	18～60	22～90	22～120	26～160	32～180	40～200	45～200
$l_{系列}$	2,3,4,5,6～32(2 进位),35～100(5 进位),120～200(20 进位)										

附表 10 滚动轴承

深沟球轴承 （摘自 GB/T 276—1994）	圆锥滚子轴承 （摘自 GB/T 297—1994）	单向推力球轴承 （摘自 GB/T 301—1995）
标记示例： 滚动轴承　6206　GB/T 276	标记示例： 滚动轴承　30212　GB/T 297	标记示例： 滚动轴承　51308　GB/T 301

轴承型号	尺寸/mm			轴承型号	尺寸/mm					轴承型号	尺寸/mm			
	d	D	B		d	D	B	C	T		d	D	H	d_1
尺寸系列[(0)2]				尺寸系列[02]						尺寸系列[12]				
6202	15	35	11	30203	17	40	12	11	13.25	51202	15	32	12	17
6203	17	40	12	30204	20	47	14	12	15.25	51203	17	35	12	19
6204	20	47	14	30205	25	52	15	13	16.25	51204	20	40	14	22
6205	25	52	15	30206	30	62	16	14	17.25	51205	25	47	15	27
6206	30	62	16	30207	35	72	17	15	18.25	51206	30	52	16	32
6207	35	72	17	30208	40	80	18	16	19.75	51207	35	62	18	37
6208	40	80	18	30209	45	85	19	16	20.75	51208	40	68	19	42
6209	45	85	19	30210	50	90	20	17	21.75	51209	45	73	20	47
6210	50	90	20	30211	55	100	21	18	22.75	51210	50	78	22	52
6211	55	100	21	30212	60	110	22	19	23.75	51211	55	90	25	57
6212	60	110	22	30213	65	120	23	20	24.75	51212	60	95	26	62

续表

轴承型号	尺寸/mm			轴承型号	尺寸/mm					轴承型号	尺寸/mm			
	d	D	B		d	D	B	C	T		d	D	H	d_1
尺寸系列[(0)3]				尺寸系列[03]						尺寸系列[13]				
6302	15	42	13	30302	15	42	13	11	14.25	51304	20	47	18	22
6303	17	47	14	30303	17	47	14	12	15.25	51305	25	52	18	27
6304	20	52	15	30304	20	52	15	13	16.25	51306	30	60	21	32
6305	25	62	17	30305	25	62	17	15	18.25	51307	35	68	24	37
6306	30	72	19	30306	30	72	19	16	20.75	51308	40	78	26	42
6307	35	80	21	30307	35	80	21	18	22.75	51309	45	85	28	47
6308	40	90	23	30308	40	90	23	20	25.25	51310	50	95	31	52
6309	45	100	25	30309	45	100	25	22	27.25	51311	55	105	35	57
6310	50	110	27	30310	50	110	27	23	29.25	51312	60	110	35	62
6311	55	120	29	30311	55	120	29	25	30.50	51313	65	115	36	67
6312	60	130	31	30312	60	130	31	26	33.50	51314	70	125	40	72

三、极限与配合

附表 11　标准公差数值（摘自 GB/T 11800.1—2009）

公称尺寸/mm		标准公差等级																	
大于	至	IT1	IT2	IT3	IT4	IT5	IT6	IT7	IT8	IT9	IT10	IT11	IT12	IT13	IT14	IT15	IT16	IT17	IT18
		μm											mm						
—	3	0.8	1.2	2	3	4	6	10	14	25	40	60	0.1	0.14	0.25	0.4	0.6	1	1.4
3	6	1	1.5	2.5	4	5	8	12	18	30	48	75	0.12	0.18	0.3	0.45	0.75	1.2	1.8
6	10	1	1.5	2.5	4	6	9	15	22	36	58	90	0.15	0.22	0.36	0.58	0.9	1.5	2.2
10	18	1.2	2	3	5	8	11	18	27	43	70	110	0.18	0.27	0.43	0.7	1.1	1.8	2.7
18	30	1.5	2.5	4	6	9	13	21	33	52	84	130	0.21	0.33	0.52	0.84	1.3	2.1	3.3
30	50	1.5	2.5	4	7	11	16	25	39	62	100	160	0.25	0.39	0.62	1	1.6	2.5	3.9
50	80	2	3	5	8	13	19	30	46	74	120	190	0.3	0.46	0.74	1.2	1.9	3	4.6
80	120	2.5	4	6	10	15	22	35	54	87	140	220	0.35	0.54	0.87	1.4	2.2	3.5	5.4
120	180	3.5	5	8	12	18	25	40	63	100	160	250	0.4	0.63	1	1.6	2.5	4	6.3
180	250	4.5	7	10	14	20	29	46	72	115	185	290	0.46	0.72	1.15	1.85	2.6	4.6	7.2
250	315	6	8	12	16	23	32	52	81	130	210	320	0.52	0.81	1.3	2.1	3.2	5.2	8.1
315	400	7	9	13	18	25	36	57	89	140	230	360	0.57	0.89	1.4	2.3	3.6	5.7	8.9
400	500	8	10	15	20	27	40	63	97	155	250	400	0.63	0.97	1.55	2.5	4	6.3	9.7

附表 12　轴的极限偏差（摘自 GB/T 1800.2—2009）

单位：μm

公称尺寸/mm		a	b	c	d	e	f	g	h								js	k	m	n	p	r	s	t	u	v	x	y	z
大于	至	11	11	*11	*9	8	*7	*6	5	*6	*7	8	*9	10	*11	12	6	*6	6	*6	*6	6	*6	6	*6	6	6	6	6
—	3	−270	−140	−60	−20	−14	−6	−2	0	0	0	0	0	0	0	0	±3	+6	+8	+10	+12	+16	+20	—	+24	—	+26	—	+32
		−330	−200	−120	−45	−28	−16	−8	−4	−6	−10	−14	−25	−40	−60	−100		0	+2	+4	+6	+10	+14	—	+18	—	+20	—	+26
3	6	−270	−140	−70	−30	−20	−10	−4	0	0	0	0	0	0	0	0	±4	+9	+12	+16	+20	+23	+27	—	+31	—	+36	—	+43
		−345	−215	−145	−60	−38	−22	−12	−5	−8	−12	−18	−30	−48	−75	−120		+1	+4	+8	+12	+15	+19	—	+23	—	+28	—	+35
6	10	−280	−150	−80	−40	−25	−13	−5	0	0	0	0	0	0	0	0	±4.5	+10	+15	+19	+24	+28	+32	—	+37	—	+43	—	+51
		−338	−240	−170	−76	−47	−28	−14	−6	−9	−15	−22	−36	−58	−90	−150		+1	+6	+10	+15	+19	+23	—	+28	—	+34	—	+42
10	14	−290	−150	−95	−50	−32	−16	−6	0	0	0	0	0	0	0	0	±5.5	+12	+18	+23	+29	+34	+39	—	+44	—	+51	—	+61
		−400	−260	−205	−93	−59	−34	−17	−8	−11	−18	−27	−43	−70	−110	−180		+1	+7	+12	+18	+23	+28	—	+33	—	+40	—	+50
14	18	−290	−150	−95	−50	−32	−16	−6	0	0	0	0	0	0	0	0	±5.5	+12	+18	+23	+29	+34	+39	—	+44	+50	+56	—	+71
		−400	−260	−205	−93	−59	−34	−17	−8	−11	−18	−27	−43	−70	−110	−180		+1	+7	+12	+18	+23	+28	—	+33	+39	+45	—	+60
18	24	−300	−160	−110	−65	−40	−20	−7	0	0	0	0	0	0	0	0	±6.5	+15	+21	+28	+35	+41	+48	—	+54	+60	+67	+76	+86
		−430	−290	−240	−117	−73	−41	−20	−9	−13	−21	−33	−52	−84	−130	−210		+2	+8	+15	+22	+28	+35	—	+41	+47	+54	+63	+73
24	30	−300	−160	−110	−65	−40	−20	−7	0	0	0	0	0	0	0	0	±6.5	+15	+21	+28	+35	+41	+48	+54	+61	+68	+77	+88	+101
		−430	−290	−240	−117	−73	−41	−20	−9	−13	−21	−33	−52	−84	−130	−210		+2	+8	+15	+22	+28	+35	+41	+48	+55	+64	+75	+88
30	40	−310	−170	−120	−80	−50	−25	−9	0	0	0	0	0	0	0	0	±8	+18	+25	+33	+42	+50	+59	+64	+76	+84	+96	+110	+128
		−470	−330	−280	−142	−89	−50	−25	−11	−16	−25	−39	−62	−100	−160	−250		+2	+9	+17	+26	+34	+43	+48	+60	+68	+80	+94	+112
40	50	−320	−180	−130	−80	−50	−25	−9	0	0	0	0	0	0	0	0	±8	+18	+25	+33	+42	+50	+59	+70	+86	+97	+113	+130	+152
		−480	−340	−290	−142	−89	−50	−25	−11	−16	−25	−39	−62	−100	−160	−250		+2	+9	+17	+26	+34	+43	+54	+70	+81	+97	+114	+136
50	65	−340	−190	−140	−100	−60	−30	−10	0	0	0	0	0	0	0	0	±9.5	+21	+30	+39	+51	+60	+72	+85	+106	+121	+141	+163	+191
		−530	−380	−330	−174	−106	−60	−29	−13	−19	−30	−46	−74	−120	−190	−300		+2	+11	+20	+32	+41	+53	+66	+87	+102	+122	+144	+172
65	80	−360	−200	−150	−100	−60	−30	−10	0	0	0	0	0	0	0	0	±9.5	+21	+30	+39	+51	+62	+78	+94	+121	+139	+165	+193	+229
		−550	−390	−340	−174	−106	−60	−29	−13	−19	−30	−46	−74	−120	−190	−300		+2	+11	+20	+32	+43	+59	+75	+102	+120	+146	+174	+210
80	100	−380	−220	−170	−120	−72	−36	−12	0	0	0	0	0	0	0	0	±11	+25	+35	+45	+59	+73	+93	+113	+146	+168	+200	+236	+280
		−600	−440	−390	−207	−126	−71	−34	−15	−22	−35	−54	−87	−140	−220	−350		+3	+13	+23	+37	+51	+71	+91	+124	+146	+178	+214	+258
100	120	−410	−240	−180	−120	−72	−36	−12	0	0	0	0	0	0	0	0	±11	+25	+35	+45	+59	+76	+101	+126	+166	+194	+232	+276	+332
		−630	−460	−440	−207	−126	−71	−34	−15	−22	−35	−54	−87	−140	−220	−350		+3	+13	+23	+37	+54	+79	+104	+144	+172	+210	+254	+310

续表

代号	a	b	c	d	e	f	g	h								js	k	m	n	p	r	s	t	u	v	x	y	z
公称尺寸/mm	11	11	*11	*9	8	*7	*6	5	*6	*7	8	*9	10	*11	12	6	*6	6	*6	*6	6	*6	6	*6	6	6	6	6
大于 至																												
120 140	−460 −710	−260 −510	−200 −450	−145 −245	−85 −148	−43 −83	−14 −39	0 −18	0 −25	0 −40	0 −63	0 −100	0 −160	0 −250	0 −400	±12.5	+28 +3	+40 +15	+52 +27	+68 +43	+88 +63	+117 +92	+147 +122	+195 +170	+227 +202	+273 +248	+325 +300	+390 +365
140 160	−520 −770	−280 −530	−210 −460																		+90 +65	+125 +100	+159 +134	+215 +190	+253 +228	+305 +280	+365 +340	+440 +415
160 180	−580 −830	−310 −560	−230 −480																		+93 +68	+133 +108	+171 +146	+235 +210	+277 +252	+335 +310	+405 +380	+490 +465
180 200	−660 −950	−340 −630	−240 −530	−170 −285	−100 −172	−50 −96	−15 −44	0 −20	0 −29	0 −46	0 −72	0 −115	0 −185	0 −290	0 −460	±14.5	+33 +4	+46 +17	+60 +31	+79 +50	+106 +77	+151 +122	+195 +166	+265 +236	+313 +284	+379 +350	+454 +425	+549 +520
200 225	−740 −1030	−380 −670	−260 −550																		+109 +80	+159 +130	+209 +180	+287 +258	+339 +310	+414 +385	+499 +470	+604 +575
225 250	−820 −1110	−420 −710	−280 −570																		+113 +84	+169 +140	+225 +196	+313 +284	+369 +340	+454 +425	+549 +520	+669 +640
250 280	−920 −1240	−480 −800	−300 −620	−190 −320	−110 −191	−56 −108	−17 −49	0 −23	0 −32	0 −52	0 −81	0 −130	0 −210	0 −320	0 −520	±16	+36 +4	+52 +20	+66 +34	+88 +56	+126 +94	+190 +158	+250 +218	+347 +315	+417 +385	+507 +475	+612 +580	+742 +710
280 315	−1050 −1370	−540 −860	−330 −650																		+130 +98	+202 +170	+272 +240	+382 +350	+457 +425	+557 +525	+682 +650	+822 +790
315 355	−1200 −1560	−600 −960	−360 −720	−210 −350	−125 −214	−62 −119	−18 −54	0 −25	0 −36	0 −57	0 −89	0 −140	0 −230	0 −360	0 −570	±18	+40 +4	+57 +21	+73 +37	+98 +62	+144 +108	+226 +190	+304 +268	+426 +390	+511 +475	+626 +590	+766 +730	+936 +900
355 400	−1350 −1710	−680 −1040	−400 −760																		+150 +114	+244 +208	+330 +294	+471 +435	+566 +530	+696 +660	+856 +820	+1036 +1000
400 450	−1500 −1900	−760 −1160	−440 −840	−230 −385	−135 −232	−68 −131	−20 −60	0 −27	0 −40	0 −63	0 −97	0 −155	0 −250	0 −400	0 −630	±20	+45 +5	+63 +23	+80 +40	+108 +68	+166 +126	+272 +232	+370 +330	+530 +490	+635 +595	+780 +740	+960 +920	+1140 +1100
450 500	−1650 −2050	−840 −1240	−480 −880																		+172 +132	+292 +252	+400 +360	+580 +540	+700 +660	+860 +820	+1040 +1000	+1290 +1250

注：带"*"者为优先选用的，其他为常用的。

附表 13　孔的极限偏差（摘自 GB/T 1800.2—2009）

单位：μm

代号		A	B	C	D	E	F	G	H							JS		K		M		N		P		R	S	T	U
公称尺寸/mm		11	11	*11	*9	8	*8	*7	6	*7	*8	*9	10	*11	12	6	7	6	*7	7	8	6	7	6	*7	7	*7	7	*7
大于	至	公　差　等　级																											
—	3	+330/+270	+200/+140	+120/+60	+45/+20	+28/+14	+20/+6	+12/+2	+6/0	+10/0	+14/0	+25/0	+40/0	+60/0	+100/0	±3	±5	0/-6	0/-10	-2/-12	0/-14	-4/-10	-4/-14	-6/-12	-6/-16	-10/-20	-14/-24	—	-18/-28
3	6	+345/+270	+215/+140	+145/+70	+60/+30	+38/+20	+28/+10	+16/+4	+8/0	+12/0	+18/0	+30/0	+48/0	+75/0	+120/0	±4	±6	+2/-6	+3/-9	0/-12	+5/-13	-5/-13	-4/-16	-9/-17	-8/-20	-11/-23	-15/-27	—	-19/-31
6	10	+370/+280	+240/+150	+170/+80	+76/+40	+47/+25	+35/+13	+20/+5	+9/0	+15/0	+22/0	+36/0	+58/0	+90/0	+150/0	±4.5	±7	+2/-7	+5/-10	0/-15	+6/-16	-7/-16	-4/-19	-12/-21	-9/-24	-13/-28	-17/-32	—	-22/-37
10	14	+400/+290	+260/+150	+205/+95	+93/+50	+59/+32	+43/+16	+24/+6	+11/0	+18/0	+27/0	+43/0	+70/0	+110/0	+180/0	±5.5	±9	+2/-9	+6/-12	0/-18	+8/-19	-9/-20	-5/-23	-15/-26	-11/-29	-16/-34	-21/-39	—	-26/-44
14	18	+400/+290	+260/+150	+205/+95	+93/+50	+59/+32	+43/+16	+24/+6	+11/0	+18/0	+27/0	+43/0	+70/0	+110/0	+180/0	±5.5	±9	+2/-9	+6/-12	0/-18	+8/-19	-9/-20	-5/-23	-15/-26	-11/-29	-16/-34	-21/-39	—	-26/-44
18	24	+430/+300	+290/+160	+240/+110	+117/+65	+73/+40	+53/+20	+28/+7	+13/0	+21/0	+33/0	+52/0	+84/0	+130/0	+210/0	±6.5	±10	+2/-11	+6/-15	0/-21	+10/-23	-11/-24	-7/-28	-18/-31	-14/-35	-20/-41	-27/-48	—	-33/-54
24	30	+430/+300	+290/+160	+240/+110	+117/+65	+73/+40	+53/+20	+28/+7	+13/0	+21/0	+33/0	+52/0	+84/0	+130/0	+210/0	±6.5	±10	+2/-11	+6/-15	0/-21	+10/-23	-11/-24	-7/-28	-18/-31	-14/-35	-20/-41	-27/-48	-33/-54	-40/-61
30	40	+470/+310	+330/+170	+280/+120	+142/+80	+89/+50	+64/+25	+34/+9	+16/0	+25/0	+39/0	+62/0	+100/0	+160/0	+250/0	±8	±12	+3/-13	+7/-18	0/-25	+12/-27	-12/-28	-8/-33	-21/-37	-17/-42	-25/-50	-34/-59	-39/-64	-51/-76
40	50	+480/+320	+340/+180	+290/+130	+142/+80	+89/+50	+64/+25	+34/+9	+16/0	+25/0	+39/0	+62/0	+100/0	+160/0	+250/0	±8	±12	+3/-13	+7/-18	0/-25	+12/-27	-12/-28	-8/-33	-21/-37	-17/-42	-25/-50	-34/-59	-45/-70	-61/-86
50	65	+530/+340	+380/+190	+330/+140	+174/+100	+106/+60	+76/+30	+40/+10	+19/0	+30/0	+46/0	+74/0	+120/0	+190/0	+300/0	±9.5	±15	+4/-15	+9/-21	0/-30	+14/-32	-14/-33	-9/-39	-26/-45	-21/-51	-30/-60	-42/-72	-55/-85	-76/-106
65	80	+550/+360	+390/+200	+340/+150	+174/+100	+106/+60	+76/+30	+40/+10	+19/0	+30/0	+46/0	+74/0	+120/0	+190/0	+300/0	±9.5	±15	+4/-15	+9/-21	0/-30	+14/-32	-14/-33	-9/-39	-26/-45	-21/-51	-32/-62	-48/-78	-64/-94	-91/-121
80	100	+600/+380	+440/+220	+390/+170	+207/+120	+126/+72	+90/+36	+47/+12	+22/0	+35/0	+54/0	+87/0	+140/0	+220/0	+350/0	±11	±17	+4/-18	+10/-25	0/-35	+16/-38	-16/-38	-10/-45	-30/-52	-24/-59	-38/-73	-58/-93	-78/-113	-111/-146
100	120	+630/+410	+460/+240	+400/+180	+207/+120	+126/+72	+90/+36	+47/+12	+22/0	+35/0	+54/0	+87/0	+140/0	+220/0	+350/0	±11	±17	+4/-18	+10/-25	0/-35	+16/-38	-16/-38	-10/-45	-30/-52	-24/-59	-41/-76	-66/-101	-91/-126	-131/-166

续表

注：带"*"者为优先选用的，其他为常用的。

公称尺寸/mm 大于	至	A 11	B 11	C *11	D *9	E 8	F *8	G *7	H 6	H *7	H *8	H *9	H 10	H *11	H 12	JS 6	JS 7	K 6	K *7	M 8	M 7	N 6	N 7	P 6	P *7	R 7	S *7	T 7	U *7
120	140	+710 +460	+510 +260	+450 +200	+245 +145	+148 +85	+106 +43	+54 +14	+25 0	+40 0	+63 0	+100 0	+160 0	+250 0	+400 0	±12.5	±20	+4 -21	+12 -28	+20 -43	0 -40	-20 -45	-12 -52	-36 -61	-28 -68	-48 -88	-77 -117	-107 -147	-155 -195
140	160	+770 +520	+530 +280	+460 +210	+245 +145	+148 +85	+106 +43	+54 +14	+25 0	+40 0	+63 0	+100 0	+160 0	+250 0	+400 0	±12.5	±20	+4 -21	+12 -28	+20 -43	0 -40	-20 -45	-12 -52	-36 -61	-28 -68	-50 -90	-85 -125	-119 -159	-175 -215
160	180	+830 +580	+560 +310	+480 +230	+245 +145	+148 +85	+106 +43	+54 +14	+25 0	+40 0	+63 0	+100 0	+160 0	+250 0	+400 0	±12.5	±20	+4 -21	+12 -28	+20 -43	0 -40	-20 -45	-12 -52	-36 -61	-28 -68	-53 -93	-93 -133	-131 -171	-195 -235
180	200	+950 +660	+630 +340	+530 +240	+285 +170	+172 +100	+122 +50	+61 +15	+29 0	+46 0	+72 0	+115 0	+185 0	+290 0	+460 0	±14.5	±23	+5 -24	+13 -33	+22 -50	0 -46	-22 -51	-14 -60	-41 -70	-33 -79	-60 -106	-105 -151	-149 -195	-219 -265
200	225	+1030 +740	+670 +380	+550 +260	+285 +170	+172 +100	+122 +50	+61 +15	+29 0	+46 0	+72 0	+115 0	+185 0	+290 0	+460 0	±14.5	±23	+5 -24	+13 -33	+22 -50	0 -46	-22 -51	-14 -60	-41 -70	-33 -79	-63 -109	-113 -159	-163 -209	-241 -287
225	250	+1110 +820	+710 +420	+570 +280	+285 +170	+172 +100	+122 +50	+61 +15	+29 0	+46 0	+72 0	+115 0	+185 0	+290 0	+460 0	±14.5	±23	+5 -24	+13 -33	+22 -50	0 -46	-22 -51	-14 -60	-41 -70	-33 -79	-67 -113	-123 -169	-179 -225	-267 -313
250	280	+1240 +920	+800 +480	+620 +300	+320 +190	+191 +110	+137 +56	+69 +17	+32 0	+52 0	+81 0	+130 0	+210 0	+320 0	+520 0	±16	±26	+5 -27	+16 -36	+25 -56	0 -52	-25 -57	-14 -66	-47 -79	-36 -88	-74 -126	-138 -190	-198 -250	-295 -347
280	315	+1370 +1050	+860 +540	+650 +330	+320 +190	+191 +110	+137 +56	+69 +17	+32 0	+52 0	+81 0	+130 0	+210 0	+320 0	+520 0	±16	±26	+5 -27	+16 -36	+25 -56	0 -52	-25 -57	-14 -66	-47 -79	-36 -88	-78 -130	-150 -202	-220 -272	-330 -382
315	355	+1560 +1200	+960 +600	+720 +360	+350 +210	+214 +125	+151 +62	+75 +18	+36 0	+57 0	+89 0	+140 0	+230 0	+360 0	+570 0	±18	±28	+7 -29	+17 -40	+28 -61	0 -57	-26 -62	-16 -73	-51 -87	-41 -98	-87 -144	-169 -226	-247 -304	-369 -426
355	400	+1710 +1350	+1040 +680	+760 +400	+350 +210	+214 +125	+151 +62	+75 +18	+36 0	+57 0	+89 0	+140 0	+230 0	+360 0	+570 0	±18	±28	+7 -29	+17 -40	+28 -61	0 -57	-26 -62	-16 -73	-51 -87	-41 -98	-93 -150	-187 -244	-273 -330	-414 -471
400	450	+1900 +1500	+1160 +760	+840 +440	+385 +230	+232 +135	+165 +68	+83 +20	+40 0	+63 0	+97 0	+155 0	+250 0	+400 0	+630 0	±20	±31	+8 -32	+18 -45	+29 -68	0 -63	-27 -67	-17 -80	-55 -95	-45 -108	-103 -166	-209 -272	-307 -370	-467 -530
450	500	+2050 +1650	+1240 +840	+880 +480	+385 +230	+232 +135	+165 +68	+83 +20	+40 0	+63 0	+97 0	+155 0	+250 0	+400 0	+630 0	±20	±31	+8 -32	+18 -45	+29 -68	0 -63	-27 -67	-17 -80	-55 -95	-45 -108	-109 -172	-229 -292	-337 -400	-517 -580

公差等级 / 公称尺寸/mm / 代号

四、材料及热处理知识

附表14　常用材料

名　称	牌　号	说　明	应　用
黑色金属 灰铸铁 GB/T 9439—1988	HT150	HT　"灰铁"代号 150　抗拉强度(MPa)	用于一般铸件,如端盖、带轮、工作台、机床座等,属于中等强度铸铁
灰铸铁 GB/T 9439—1988	HT200		用于较重要的铸件,如汽缸、齿轮、凸轮、机座、床身、飞轮、带轮、齿轮箱、阀壳、联轴器、衬筒、轴承座等,属于高强度铸铁
球墨铸铁 GB/T 1438—1988	QT450-10	QT　"球铁"代号 450　抗拉强度(MPa) 10　伸长率(%)	广泛用于制造曲轴、汽缸套、活塞环、摩擦片、中低压阀门、千斤顶座等,具有较高的强度和塑性
球墨铸铁 GB/T 1438—1988	QT500-7		
铸钢 GB/T 11352—1989	ZG200-400	ZG　"铸钢"代号 200　屈服强度(MPa) 400　抗拉强度(MPa)	用于机座、变速箱壳等
铸钢 GB/T 11352—1989	ZG270-500		用于飞轮、机架、水压机工作缸、横梁等
碳素结构钢 GB/T 700—2006	Q215A	Q　"屈"字代号 235　屈服点数值(MPa) A　质量等级	用于炉撑、铆钉、垫圈、开口销等。塑性大、抗拉强度低、易于焊接
碳素结构钢 GB/T 700—2006	Q235A		用于低速轻载齿轮、键、拉杆、钩子、螺栓、套圈等,强度和硬度较高,延伸率大,可焊接,用途十分广泛,是机械零件中的一种主要材料
优质碳素结构钢 GB/T 699—1999	45	65　平均含碳量(万分之几) Mn　含锰量较高	用于强度要求较高的零件,如齿轮、机床主轴、花键轴等
优质碳素结构钢 GB/T 699—1999	65Mn		强度高,用于制造各种弹簧
有色金属 普通黄铜 GB/T 5232—2001	H62	H　"黄"铜代号 62　基体元素铜的含量	用于热轧、热压零件,如套管、螺母等
普通黄铜 GB/T 5232—2001	H68		用于复杂的冷冲压零件和拉深件,如弹壳、垫座等
铸造青铜 GB/T 1176—1987	ZCuSn10Zn2	Z　"铸"造代号 Cu　基体金属铜元素符号 Sn10　锡元素符号及名义含量(%)	用于中等及较高负荷和小滑动速度下工作的重要管配件,以及阀、旋塞、泵体、齿轮、叶轮等
铸造铝合金 GB/T 1173—1995	ZL102	ZL102 表示含硅(质量分数)10%～13%,其余为铝的铝硅合金	用于支架、汽缸体、泵体等
铸造铝合金 GB/T 1173—1995	ZL104		风机叶片、汽缸头
非金属 尼龙 JB/ZQ4196—1998	尼龙6	6、66 为顺序号,66 比 6 的机械性能和线膨胀系数高	用于一般机械零件、传动件及减磨耐磨件,如齿轮、蜗轮、轴承、丝杠、螺母、凸轮、风扇叶轮、螺钉、垫圈等。机械性能高,韧性好,耐磨、耐水、耐油。零件在工作时噪声小
尼龙 JB/ZQ4196—1998	尼龙66		
耐油橡胶板 GB/T 5574—2008	3707	37、38　顺序号 07　扯断强度(kPa)	用于在一定温度的机油、变压器油、汽油等介质中工作的零件,冲制各种形状的垫圈
耐油橡胶板 GB/T 5574—2008	3807		
聚四氟乙烯 (PTFE)			用于耐腐蚀、耐磨、耐高温的密封元件,如填料、衬垫、阀座,也用作输送腐蚀介质的高温管路、耐腐蚀衬里、容器的密封圈等

附表 15　热处理方法及应用

名　称	处　理　方　法	应　用
退火	将钢件加热到临界温度以上,保温一段时间,然后缓慢地冷却下来	用来消除铸、锻、焊零件的内应力,降低硬度,改善加工性能,增加塑性和韧性,细化金属晶粒,使组织均匀。适用于含碳量在 0.83% 以下的铸、锻、焊零件
正火	将钢件加热到临界温度以上,保温一段时间,然后在空气中冷却下来,冷却速度比退火快	用来处理低碳和中碳结构钢件及渗碳零件,使其晶粒细化,增加强度与韧性,改善切削加工性能
淬火	将钢件加热到临界温度以上,保温一段时间,然后在水、盐水或油中急速冷却下来,使其增加硬度、耐磨性	用来提高钢的硬度、强度和耐磨性。但淬火后会引起内应力及脆性,因此淬火后的钢件必须回火
回火	将淬火后的钢件加热到临界温度以下的某一温度,保温一段时间,然后在空气或油中冷却下来	用来消除淬火时产生的脆性和内应力,以提高钢件的韧性和强度
调质	淬火后进行高温回火(450～650℃)称为调质	可以完全消除内应力,并获得较高的综合机械性能。一些重要零件淬火后都要经过调质处理
时效处理	天然时效:在空气中存放半年到一年以上 人工时效:加热到200℃左右,保温 10～20h 或更长时间	使铸件或淬火后的钢件慢慢消除其内应力,稳定其形状和尺寸

附表 16　钢管　　　　　　　　　　　　　　　　　　　　　mm

低压流体输送用焊接钢管(摘自 GB 3091—2001)

公称口径	外径	普通管壁厚	加厚管壁厚	公称口径	外径	普通管壁厚	加厚管壁厚
6	10.0	2.00	2.50	40	48.0	3.50	4.25
8	13.5	2.25	2.75	50	60.0	3.50	4.50
10	17.0	2.25	2.75	65	75.5	3.75	4.50
15	21.3	2.75	3.25	80	88.5	4.00	4.75
20	26.8	2.75	3.50	100	114.0	4.00	5.00
25	33.5	3.25	4.00	125	140.0	4.00	5.50
32	42.3	3.25	4.00	150	165.0	4.50	5.50

低、中压锅炉用钢管(摘自 GB 3087—1999)

外径	壁厚	外径	壁厚	外径	壁厚	外径	壁厚	外径	壁厚	外径	壁厚	外径	壁厚	外径	壁厚
10	1.5～2.5	19	2～3	30	2.5～4	45	2.5～5	70	3～6	114	4～12	194	4.5～26	426	11～26
12	1.5～2.5	20	2～3	32	2.5～4	48	2.5～5	76	3.5～8	121	4～12	219	6～26	—	
14	2～3	22	2～4	35	2.5～4	51	2.5～5	83	3.5～8	127	4～12	245	6～26	—	
16	2～3	24	2～4	38	2.5～4	57	3～5	89	4～8	133	4～18	273	7～26	—	
17	2～3	25	2～4	40	2.5～5	60	3～5	102	4～12	159	4.5～26	325	8～26	—	
18	2～3	29	2.5～4	42	2.5～5	63.5	3～5	108	4～12	168	4.5～26	377	10～26	—	

壁厚尺寸系列	1.5,2,2.5,3,3.5,4,4.5,5,6,7,8,9,10,11,12,13,14,15,16,17,18,19,20,21,22,23,24,25,26

高压锅炉用无缝钢管(摘自 GB 5310—1995)

外径	壁厚	外径	壁厚	外径	壁厚	外径	壁厚	外径	壁厚	外径	壁厚	外径	壁厚	外径	壁厚
22	2～3.2	42	2.8～6	76	3.5～19	121	5～26	194	7～45⁻	325	13～60	480	14～70	—	
25	2～3.5	48	2.8～7	83	4～20	133	5～32	219	7.5～50	351	13～60	500	14～70	—	
28	2.5～3.5	51	2.8～9	89	4～20	146	6～36	245	9～50	377	13～70	530	14～70	—	
32	2.8～5	57	3.5～12	102	4.5～22	159	6～36	273	9～50	426	14～70	—		—	
38	2.8～5.5	60	3.5～12	108	4.5～26	168	6.5～40	299	9～60	450	14～70	—		—	

壁厚尺寸系列	2,2.5,2.8,3,3.2,3.5,4,4.5,5,5.5,6,(6.5),7,(7.5),8,9,10,11,12,13,14,(15),16,(17),18,(19),20,22,(24),25,26,28,30,32,(34),36,38,40,(42),45,(48),50,56,60,63,(65),70

注：1. 括号内的尺寸不推荐使用。

2. GB 3092 适用于常压容器,但用作工业用水及煤气输送等用途时,可用于≤0.6MPa 的场合。

3. GB 3087 用于设计压力≤10MPa 的受压元件;GB 5310 用于设计压力≥10MPa 的受压元件。

五、化工设备标准零部件

附表 17　内压筒体壁厚（经验数据）

材料	工作压力/MPa	300	(350)	400	(450)	500	(550)	600	(650)	700	800	900	1000	(1100)	1200	1300	1400	(1500)	1600	(1700)	1800	(1900)	2000	(2100)	2200	(2300)	2400	2600	2800	3000
		公称直径 DN/mm（筒体壁厚/mm）																												
Q235-A Q235-A·F	≤0.3 ≤0.4	3	3	3	3	3	3	3	4	4	4	4	5	5	5	5	5	5	5	5	6	6	6	6	6	6	6	8	8	8
	≤0.6				4	4	4				4.5	4.5					6	6	6	6	8	8	8	8	8	10	10	10	10	10
	≤1.0		4	4	4.5	4.5	5	6	6	6	6	6	8	8	8	10	10	10	10	12	12	12	12	12	14	14	14	14	16	16
	≤1.6	4.5	5	6	6	8	8	8	8	8	8	10	10	10	12	12	12	14	14	16	16	16	18	18	18	20	20	22	24	24
不锈钢	≤0.3 ≤0.4	3	3	3	3	3	3	3	3	3	3	4	4	4	4	4	4	4	4	5	5	5	5	5	5	5	5/7	7	7	7
	≤0.6														5	5	5	5	5	6	6	6	6	7	7	7	8	8	9	9
	≤1.0						4	4	4	4	5	5	5	6	6	7	7	8	8	9	9	10	10	12	12	12	12	14	14	16
	≤1.6	4	4	5	5	6	6	7	7	7	7	8	9	10	12	12	12	14	14	14	16	16	18	18	18	18	20	22	24	24

附表 18　椭圆形封头（摘自 JB/T 4746—2002）　　　　mm

以内径为公称直径的封头（EHA）　　　　以外径为公称直径的封头（EHB）

以内径为公称直径的封头（EHA）

序号	公称直径 DN/mm	总深度 H/mm	内表面积 A/m²	容积 V/m³	序号	公称直径 DN/mm	总深度 H/mm	内表面积 A/m²	容积 V/m³
1	300	100	0.1211	0.0053	27	2200	590	5.5229	1.5459
2	350	113	0.1603	0.0080	28	2300	615	6.0233	1.7588
3	400	125	0.2049	0.0115	29	2400	640	6.5453	1.9905
4	450	138	0.2548	0.0159	30	2500	665	7.0891	2.2417
5	500	150	0.3103	0.0213	31	2600	690	7.6545	2.5131
6	550	163	0.3711	0.0277	32	2700	715	8.2415	2.8055
7	600	175	0.4374	0.0353	33	2800	740	8.8503	3.1198
8	650	188	0.5090	0.0442	34	2900	765	9.4807	3.4567
9	700	200	0.5861	0.0545	35	3000	790	10.1329	3.8170
10	750	213	0.6686	0.0663	36	3100	815	10.8067	4.2015
11	800	225	0.7566	0.0796	37	3200	840	11.5021	6.6110
12	850	238	0.8499	0.0946	38	3300	865	12.2193	5.0463
13	900	250	0.9487	0.1113	39	3400	890	12.9581	5.5080
14	950	263	1.0529	0.1300	40	3500	915	13.7186	5.9972
15	1000	275	1.1625	0.1505	41	3600	940	14.5008	6.5144
16	1100	300	1.3980	0.1980	42	3700	965	15.3047	7.0605
17	1200	325	1.6552	0.2545	43	3800	990	16.1303	7.6364
18	1300	350	1.9340	0.3208	44	3900	1015	16.9775	8.2427
19	1400	375	2.2346	0.3977	45	4000	1040	17.8464	8.8802
20	1500	400	2.5568	0.4860	46	4100	1065	18.7370	9.5498
21	1600	425	2.9007	0.5864	47	4200	1090	19.6493	10.2523
22	1700	450	3.2662	0.6999	48	4300	1115	20.5832	10.9883
23	1800	475	3.6535	0.8270	49	4400	1140	21.5389	11.7588
24	1900	500	4.0624	0.9687	50	4500	1165	22.5162	12.5644
25	2000	525	4.4930	1.1257	51	4600	1190	23.5152	13.4060
26	2100	565	5.0443	1.3508	52	4700	1215	24.5359	1402844

附表 19　管法兰及垫片

凸面板式平焊钢质法兰
（摘自 JB/T 81—1994）

管路法兰用石棉橡胶垫片
（摘自 JB/T 87—1994）

凸面板式平焊钢质法兰/mm

PN/MPa	公称通径 DN	10	15	20	25	32	40	50	65	80	100	120	150	200	250	300
	直径/mm															
0.25 0.6 1.0 1.6	管子外径 A	14	18	25	32	38	45	57	73	89	108	133	159	219	273	325
	法兰内径 B	15	19	26	33	39	46	59	75	91	110	135	161	222	276	328
	密封面厚度 f	2	2	2	2	2	3	3	3	3	3	3	3	3	3	4
0.25 0.6	法兰外径 D	75	80	90	100	120	130	140	160	190	210	240	265	320	375	440
	螺栓中心直径 K	50	55	65	75	90	100	110	130	150	170	200	225	280	335	395
	密封面直径 d	32	40	50	60	70	80	90	110	125	145	175	200	255	310	362
1.0 1.6	法兰外径 D	90	95	105	115	140	150	165	185	200	220	250	285	340	395	445
	螺栓中心直径 K	60	65	75	85	100	110	125	145	160	180	210	240	295	350	400
	密封面直径 d	40	45	55	65	78	85	100	120	135	155	185	210	265	320	368
	厚度/mm															
0.25	法兰厚度 C	10	10	12	12	12	12	12	14	14	14	14	16	18	22	22
0.6		12	12	14	14	16	16	16	16	18	18	20	20	22	24	24
1.0							18	18	20	20	22	24	24	24	26	28
1.6		14	14	16	18	18	20	22	24	24	26	28	28	30	32	32
	螺　栓															
0.25,0.6 0.6 1.6	螺栓数量 n	4	4	4	4	4	4	4	4	4 / 4 / 8	4 / 8 / 8	8	8	8 / 8 / 12	12	12
0.25 0.6	螺栓孔直径 L	12	12	12	12	14	14	14	14	18	18	18	18	18	18	23
	螺栓规格	M10	M10	M10	M10	M12	M12	M12	M12	M16	M16	M16	M16	M16	M16	M20
1.0	螺栓孔直径 L	14	14	14	14	18	18	18	18	18	18	18	23	23	23	23
	螺栓规格	M12	M12	M12	M12	M16	M16	M16	M16	M16	M16	M16	M20	M20	M20	M20
1.6	螺栓孔直径 L	14	14	14	14	18	18	18	18	18	18	18	23	23	23	23
	螺栓规格	M12	M12	M12	M12	M16	M16	M16	M16	M16	M16	M16	M20	M20	M24	M24

管路法兰用石棉橡胶垫片/mm

PN/MPa		10	15	20	25	32	40	50	65	80	100	120	150	200	250	300
0.25,0.6	垫片外径 D_0	38	43	53	63	76	86	96	116	132	152	182	207	262	317	372
0.6 1.6		46	51	61	71	82	92	107	127	142	162	192	217	272	327 / 330	377 / 385
	垫片内径 d_1	14	18	25	32	38	45	57	76	89	108	133	159	219	273	325
	垫片厚度 t	2														

附表 20　设备法兰及垫片

甲型平焊法兰(平密封面)　　　　　　　　　　　　　　非金属垫片
(摘自 JB/T 4701—1992)　　　　　　　　　　　　(摘自 JB/T 4704—1992)

公称直径 DN/mm	甲型平焊法兰/mm					非金属垫片/mm		螺　柱	
	D	D_1	D_3	δ	d	D_5	d_5	规格	数量
$PN=0.25MPa$									
700	815	780	740	36		739	703		28
800	915	880	840	36	18	839	803	M16	32
900	1015	980	940	40		939	903		36
1000	1030	1090	1045	40		1044	1004		32
1200	1330	1290	1241	44		1240	1200		36
1400	1530	1490	1441	46	23	1440	1400		40
1600	1730	1690	1641	50		1640	1600	M20	48
1800	1930	1890	1841	56		1840	1800		52
2000	2130	2090	2041	60		2040	2000		60
$PN=0.6MPa$									
500	615	580	540	30	18	539	503	M16	20
600	715	680	640	32		639	603		24
700	830	790	745	36		744	704		24
800	930	890	845	40		844	804		24
900	1030	990	945	44	23	944	904	M20	32
1000	1130	1090	1045	48		1044	1004		36
1200	1330	1290	1241	60		1240	1200		52
$PN=1.0MPa$									
300	415	380	340	26	18	339	303	M16	16
400	515	480	440	30		439	403		20
500	630	590	545	34		544	504		20
600	730	690	645	40		644	604		24
700	830	790	745	46	23	744	704	M20	32
800	930	890	845	54		844	804		40
900	1030	990	945	60		944	904		48
$PN=1.6MPa$									
300	430	390	345	30		344	303		16
400	530	490	445	36	23	444	403	M20	20
500	630	590	545	44		544	504		28
600	730	690	645	54		644	604		40

附表 21　人孔与手孔

常压人孔（摘自 JB/T 577—1979）　　　　平盖手孔（摘自 JB/T 588—1979）

											螺栓	
公称压力 /MPa	公称直径 DN /mm	$d_w \times S$ /mm	D /mm	D_1 /mm	b /mm	b_1 /mm	b_2 /mm	H_1 /mm	H_2 /mm	B /mm	数量	规格/mm
						常 压 人 孔						
常压	(400)	426×6	515	480	14	10	12	150	90	250	16	M16×50
	450	480×6	570	535				160			20	
	500	530×6	620	585						300		
	600	630×6	720	685	16	12	14	180	92		24	
						平 盖 手 孔						
1.0	150	159×5	280	240	24	16	18	160	82	—	8	M20×65
	250	273×8	390	350	26	18	20	190	84	—	12	M20×70
1.6	150	159×6	280	240	28	18	20	170	84	—	8	M20×70
	250	273×8	405	355	32	24	26	200	90	—	12	M22×85

注：尽量不采用带括号的公称直径。

附表 22　耳式支座（摘自 JB/T 4725—1992）　　　　　　　mm

续表

支座号		1	2	3	4	5	6	7	8
支座本体允许载荷/kN		10	20	30	60	100	150	200	250
适用容器公称直径 DN		300～600	500～1000	700～1400	1000～2000	1300～2600	1500～3000	1700～3400	2000～4000
高度 H		125	160	200	250	320	400	480	600
底板	l_1	100	125	160	200	250	315	375	480
底板	b_1	60	80	105	140	180	230	280	360
底板	δ_1	6	8	10	14	16	20	22	26
底板	S_1	30	40	50	70	90	115	130	145
肋板	l_2 A、AN 型	80	100	125	160	200	250	300	380
肋板	l_2 B、BN 型	160	180	205	290	330	380	430	510
肋板	δ_2 A、AN 型	4	5	6	8	10	12	14	16
肋板	δ_2 B、BN 型	5	6	8	10	12	14	16	18
肋板	b_2	80	100	125	160	200	250	300	380
垫板	l_3	160	200	250	315	400	500	600	720
垫板	b_3	125	160	200	250	320	400	480	600
垫板	δ_3	6	6	8	8	10	12	14	16
垫板	e	20	24	30	40	48	60	70	72
地脚螺栓	d	24	24	30	30	30	36	36	36
地脚螺栓	规格	M20	M20	M24	M24	M24	M30	M30	M30

附表 23　鞍式支座（摘自 JB/T 4712—1992）　　　　　　mm

（DN500～DN900 适用）

（DN1000～DN2000 适用）

形式特征	公称直径 DN	鞍座高度 h	底板			腹板 δ_2	肋板				垫板				螺栓间距 l_2
			l_1	b_1	δ_1	δ_2	l_3	b_2	b_3	δ_3	弧长	b_4	δ_4	e	l_2
$DN500\sim$ $DN900$ 120°包角 重型带 垫板	500	200	460	150	10	8	250	—	120	8	590	200	6	36	330
	550		510				275				650				360
	600		550				300				710				400
	650		590				325				770				430
	700		640			10	350				830				460
	800		720				400			12	940				530
	900		810				450				1060				590
$DN1000\sim$ $DN2000$ 120°包角 重型带 垫板或不 带垫板	1000	200	760	170	12	8	170	140	180	8	1180	270	8	40	600
	1100		820				185				1290				660
	1200		880				200				1410				720
	1300		940			10	215			10	1520				780
	1400		1000				230				1640				840
	1500	250	1060	200	16	12	242	170	230	12	1760	320	10		900
	1600		1120				257				1870				960
	1700		1200				277				1990				1040
	1800		1280				296				2100				1120
	1900		1360	220		14	316	190	260		2220	350			1200
	2000		1420				331				2330				1260

附表 24　补强圈 （摘自 JB/T 4736—2002）　　　　mm

接管公称直径 DN	50	65	80	100	125	150	175	200	225	250	300	350	400	450	500	600
外径 D_2	130	160	180	200	250	300	350	400	440	480	550	620	680	760	840	980
内径 D_1	按补强圈坡口类型确定															
厚度系列 δ_c	4,6,8,10,12,14,16,18,20,22,24,26,28															

六、化工工艺图中的有关图例

附表 25 管道及仪表流程图中设备、机器图例（摘自 HG/T 20519.31—1992）

设备类型及代号	图例
塔（T）	填料塔　板式塔　喷洒塔
容器（V）	卧式容器　蝶形封头容器　球罐　锥顶罐　平顶容器　(地下/半地下)池、槽、坑　旋风分离器　湿式电除尘器　固定床过滤器
压缩机（C）	鼓风机　(卧式)(立式)旋转式压缩机　离心式压缩机　二段往复式压缩机(L形)
泵（P）	离心泵　液下泵　齿轮泵　螺杆泵　往复泵　喷射泵
换热器（E）	固定管板式列管换热器　U形管式换热器　浮头式列管换热器　板式换热器　翅片管换热器　喷淋式冷却器　列管式(薄膜)蒸发器　送风式空冷器
反应器（R）	固定床式反应器　列管式反应器　硫化床反应器　反应釜(带搅拌、夹套)

续表

设备类型及代号	图 例	设备类型及代号	图 例
工业炉（F）	箱式炉　　圆筒炉	动力机（M、E、S、D）	M 电动机　E 内燃机、燃气机　S 汽轮机　D 其他动力机 离心式膨胀机　活塞式膨胀机
其他机械（M）	压滤机　挤压机　混合机	火炬烟囱（S）	火炬　烟囱

附表 26　管道及仪表流程图中管子、管件、阀门及管道附件图例（摘自 HG/T 20519.32—1992）

名　称	图　例	名　称	图　例
主要物料管道		闸阀	
辅助物料及公用系统管道		截止阀	
原有管道		球阀	
可拆短管		翘片管	
蒸气伴热管道		文氏管	
电伴热管道		管道隔热层	
柔性管		夹套管	
喷淋管		旋塞阀	
放空管		隔膜阀	
敞口漏斗		减压阀	
异径管		节流阀	

附表 27　管件与管路连接的表示法（摘自 HG/T 20519.33—1992）

连接方式　名称		螺纹或承插焊	对焊		法兰式	
			单线	双线	单线	双线
90°弯头	主视图					
	俯视图					
	轴测图					

连接方式\\名称		螺纹或承插焊	对焊		法兰式	
			单线	双线	单线	双线
三通管	主视图					
	俯视图					
	轴测图					
偏心异径管	主视图					
	俯视图					
	轴测图					

参 考 文 献

［1］ 曹咏梅，熊放明主编. 化工制图. 北京：化学工业出版社，2015.

［2］ 熊放明主编. 机械制图. 北京：化学工业出版社. 2010.

［3］ 江会保主编. 化工制图. 北京：机械工业出版社，2003.

［4］ 董振珂主编. 化工制图. 北京：化学工业出版社，2005.

［5］ 郭克希，王建国主编. 北京：机械工业出版社，2009.

［6］ 冯秋官主编. 机械制图. 北京：高等教育出版社，2001.

［7］ 钱可强主编. 机械制图. 北京：高等教育出版社，2003.

［8］ 路大勇主编. 工程制图. 北京：化学工业出版社，2004.

［9］ 熊放明主编. 机械工人识图. 北京：化学工业出版社，2005.